TRAITÉ D'AGRICULTURE.

Le domicile du sieur BRIAND *sera, à compter du premier Octobre,*

HOTEL DE VILLIERS,

Rue Pavée Saint-André des Arcs.

TRAITÉ D'AGRICULTURE,

Ou l'on enſeigne le moyen de conſerver toute l'année la pomme de terre en nature, la maniere de perfectionner l'engrais économique & ſalubre des beſtiaux, & l'eſpèce des chevaux, en multipliant & perfectionnant les élèves & toutes les denrées, par le choix des améliorations, la deſtination de chaque ſol, le défrichement & la fertilité de la ſixième partie du Royaume, maintenant inculte.

Heureux le Laboureur, trop heureux s'il ſait l'être!
La terre libérale & docile à ſes ſoins,
Contente à peu de frais ſes ruſtiques beſoins.

Géorg. de l'Abbé DELISLE.

PAR M. le Chevalier DE SAINT-BLAISE,
de l'Académie des Arcades de Rome.

A PARIS,

Chez BRIAND, Libraire, quai des Auguſtins.

1788.

A

SON ALTESSE SÉRÉNISSIME

MADAME LA DUCHESSE

DE BOURBON.

MADAME,

La protection dont Votre Altesse Sérénissime honore les Sciences, l'encouragement qu'elle se plaît à donner aux talens naissans, vont fixer à jamais le sort de mon Ouvrage. Ce Traité d'Agriculture est le fruit de quinze ans de théorie & de pratique. Au moment de l'offrir à ma patrie, ignoré, pour ainsi dire, du reste des humains, la Providence qui enchaîne les destinées, a pris soin de la mienne..... Douces idées de ma respectable solitude ! asyle sacré, qui me serez toujours présent ! c'est à vous seul, que je dois les marques honorables de la sensibilité d'une auguste Princesse ! Oui, MADAME, *votre vertu protège un jeune infortuné, dont le début, sous vos auspices, est un succès.*

Je suis, avec le plus profond respect,

MADAME,

DE VOTRE ALTESSE SÉRÉNISSIME,

Le très-humble & très-obéissant serviteur,
Le Chev. DE SAINT-BLAISE.

INTRODUCTION.

La premiere des Sciences, celle qui ſonde la fortune de tous les citoyens, & qui ſert de baſe au commerce, celle qui aſſure la gloire & la richeſſe de toutes les Couronnes du monde, ſemble impoſer la loi naturelle de ſon étude à tous les hommes. Il n'eſt point d'individu qui ne doive ſon exiſtence à la terre; il en eſt bien peu, qui, placés dans une claſſe diſtinguée, ne regardent comme ſubalterne de s'occuper d'elle. Confiée à des mains étrangeres, l'intérêt de la propriété ceſſe, la ſpéculation anti-patriotique d'un lucre perſonnel & momentané commence par enrichir un Régiſſeur des dépouilles des Fermiers dont il fait choix par des concuſſions. Ces derniers épuiſés, ne connaiſſent qu'une manière de cultiver pour recouvrer la ſomme proviſoire ſortie de leurs mains en paſſant bail. L'amélioration eſt au-deſſus de leurs forces, l'épuiſement du ſol doit ſeul les remplir. Beaucoup de récoltes, tant bonnes que mauvaiſes..... Voilà le dire du Laboureur, que le mauvais exemple entraîne, que l'égoïſme de ſon commettant rend indifférent à la fortune d'un maître qu'il ne connaît que par le mauvais côté. L'ignorance de cet homme agreſte, acheve la ruine de la culture : il ne connaît que l'uſage reçu de ſes peres ; & ſi la plus utile découverte parvient juſqu'à lui, elle eſt à ſes yeux, ou folie, ou dégradation. Auſſi, ſuis-je bien éloigné d'écrire pour ces malheureux Laboureurs, dont la manie fixe la marche conſtante. C'eſt aux propriétaires que je fais hommage de mon travail & de mes expériences; c'eſt à ceux qui doivent avoir des principes, ou qui ſont ſuſceptibles d'en recevoir, que j'aime à m'adreſſer; c'eſt à ceux enfin que le bien-être direct, joint à la poſſibilité de l'exécution & des épreuves, doit inſenſiblement entraîner vers le bien que je me propoſe de mettre en évidence. Il eſt tems de paſſer au ſujet. C'eſt en le traitant par comparaiſon, & d'une manière intelligible pour tous les pays, qu'il eſt poſſible d'en voir un jour naître tous les fruits que j'en attends.

La culture, première partie de cet ouvrage, conviendra à tous les pays, par ſon analogie avec toutes les terres; car il ſuffit d'en connaître la différence, pour prouver qu'il n'eſt point de Province où les engrais ne ſoient abondans, où le Cultivateur ne ſoit abuſé par l'ignorance la plus groſſiere, quand la diſette des pailles pour faire des fumiers, ne lui préſente aucune autre reſſource. Le Maître & le Fermier, dans la même opinion, ne connaiſſent pas l'étendue de leurs propriétés.... Le premier donne ſa terre à bail, pour un prix modique (ce qui s'appelle en Bourgogne *amodier*), parce que les améliorations en grand, ne lui paraiſſent pas poſſibles..... Le ſecond, chargé d'une nombreuſe famille, dont tout le patrimoine eſt dans l'induſtrie des labours, en multipliant ſes récoltes, ne ſait que les réduire & vivre au milieu des beſoins. Il en réſulte la cherté des denrées ſans qualité, la réduction de toutes les fortunes, pour en faire l'acquiſition, l'impoſſibilité de prélever de nouveaux impôts, ſans épuiſer toute une Nation, dans un moment de guerre inattendue, ou la gloire du Prince & le bonheur de tout un royaume, exigent la réunion de toutes les forces de l'État.

En effet, eſt-il une Puiſſance en état de ſe meſurer à la France?....

Le Monarque le plus riche de l'univers, le plus chéri de ses sujets, le plus assuré de leur valeur redoutable à tous leurs voisins, ne jouit pas, à beaucoup près, de tous les avantages qui sont la suite nécessaire d'une culture parfaite. Dans le sol le plus favorisé de la nature, dont l'Espagne doit envier la position, malgré que le sien renferme des mines d'or, le Pérou de l'univers est ignoré. État florissant & imposant pour tous les autres, quand l'Agriculture est à peine à son berceau, que serais-tu, si tes terres richement cultivées devenaient la mere nourrice de tes voisins ? .... Le Français, qui chérit le lieu qui le vit naître, n'en connaît pas tout le prix. L'Étranger jaloux du même bonheur, & qui finit souvent par ſe fixer en France, malgré le charme naturel qui rend un pays natal ſi cher à tout bon Citoyen, ne ſerait plus occupé que des moyens de s'établir ſolidement dans des contrées prédeſtinées. La population augmentant par l'abondance & la perfection de tous les comeſtibles, donnerait à la Maiſon de Bourbon des ſujets plus nombreux & plus vigoureux. L'âge d'or ne ſerait plus une fiction..... il ferait à jamais les délices du Monarque & du plus petit de ſes ſujets.

Les terres cultivées en France, ſont loin de la valeur que des mains moins avares & moins ignorantes, leur communiqueraient. Afin d'en donner une idée juſte, les landes, communes & terres en friche, vont ſervir au développement des principes ſoumis à l'examen du Gouvernement en 1785. Ils en ont été ſi favorablement accueillis, que le ſuffrage de tous les perſonnages qui le compoſent, & dont la plupart ont blanchi dans les recherches les plus ſérieuſes, me ferait un devoir d'écrire, ſi le plaiſir d'être utile à ma patrie n'était ma plus douce loi.

La ſixième partie du royaume, inculte, n'offre maintenant, au Laboureur vulgaire, que l'apperçu d'un ſol dont la culture ne rendrait pas même les frais de miſe. Elle eſt ſuivant lui, dans un état de néceſſité, & ne doit jamais produire que des bruyeres & des ronces. C'eſt ainſi que l'ignorance la plus malheureuſe pour la France, empêche des fortunes immenſes de naître ; c'eſt ainſi que le meilleur des Princes, dont la gloire & l'ambition ſont de pourvoir au bonheur de ſes peuples, ne connaît pas les revenus conſidérables dont il eſt privé, & qui ſerviraient ſi utilement au rétabliſſement de la Marine françaiſe & de ſes Ports, à la sûreté du royaume, comme à ſon aggrandiſſement..... Quel eſt donc le moyen de ſortir de cet état d'inertie & de médiocrité qui nuit à toutes les branches du commerce ? Quel produit retirerait-on de la culture des terres maintenant abandonnées ? Que pourrait-on faire dans les terres cultivées, pour en accroître les revenus ? Empreſſé de ſatisfaire l'attente du Lecteur, je vais commencer par les obſervations qui fixèrent l'attention du Gouvernement en 1785.

TRAITÉ D'AGRICULTURE.

IL faut dans le meilleur fond d'herbage ou de prairie, cent cinquante perches, de vingt-deux pieds la perche, pour engraiſſer un bœuf; il en faut beaucoup plus dans le médiocre. L'herbage & la prairie ſont d'un revenu bien ſupérieur à celui de la terre labourable. Comparer ce produit avec celui de la terre à labour, deſtinée aux ſemences propres à l'économie & à la perfection de l'engrais des bœufs, comme à leur multiplication, ſuffit pour conduire à la néceſſité de l'épreuve, qui, ſeule, peut conſtater un fait.

La même étendue de labour dans un fond choiſi, ſuffit à l'engrais de deux bœufs, leur donne plus de valeur, en leur communiquant un goût si recherché, qu'il est inconnu jusqu'à ce jour. Les deux bœufs dont le Roi m'a permis de lui faire hommage pendant le mois d'Avril 1782, sont une preuve complette de la perfection de l'engrais. Sa Majesté n'a jamais mangé de bœufs aussi parfaits. La plupart des Seigneurs de la Cour a jugé de cet aliment succulent. Il ne s'agit plus que de savoir si l'économie est réelle : c'est en procédant que l'on juge sainement un fait. La découverte est à sa perfection sur les bœufs, porcs & moutons, &c.

La bonne & mauvaise terre à labour, à laquelle on ne sait faire produire que la moitié par comparaison de la bonne & mauvaise prairie, ferait par ce nouveau genre de culture & de semences, d'un produit double de celui de la prairie & de l'herbage. La prairie & l'herbage conserveraient une valeur fort importante pour les vaches à lait & la multiplication des élèves, en attendant que la nouvelle culture, introduite par la force de l'exemple, la prudence de MM. les Intendans, & le zèle des Aſſemblées Provinciales, pût ſuffire à toute l'entrepriſe. Enſuite l'unique produit des prairies & herbages, ſe bornerait aux laitages, aux beurres, à la multiplication des chevaux, ſi chers par leur rareté, ſi mauvais par une nourriture épargnée; & jamais l'épuiſement du fourrage ne menacerait une Nation qui maintiendrait dans toutes ſes parties l'abondance des denrées les plus eſſentielles, dont la quantité bornée eſt un fléau pour l'humanité. La conſommation du pain ſerait beaucoup moins forte, tandis que celle des viandes augmenterait. Le mercenaire & l'ouvrier ne vivent actuellement, pour ainſi dire, que de pain. Le Militaire, après avoir verſé ſon ſang & ſacrifié ſa fortune pour ſon Prince & pour ſa Patrie, trouverait dans les reſtes d'un bien médiocre, ou dans une penſion ordinaire, de quoi fournir à ſes beſoins. Louis XVI, par un encouragement auſſi digne de ſon règne, ajouterait à l'établiſſement immortel des Invalides, la gloire d'y faire participer tous les braves guerriers répandus dans son royaume, qui verraient renaître l'âge d'or. L'artisan perfectionnerait son art, au lieu de chercher sa subsistance dans des travaux trop hâtés pour être parfaits. Le malheureux dont les bras trouveraient à s'occuper, vivrait avec sa femme & ses enfans, loin de l'oisiveté, du murmure & de la misère, plus attaché à sa religion, & plus fidele à son Prince. Le nombre des mendians, pour ainsi dire, détruit, ne troublerait plus l'ordre & le repos de l'État, par une foule de vagabonds & de brigands, qui, dans le principe, sans travail & violemment poussés par les premiers besoins de la vie, ont commencé par tendre la main. La terre la plus inculte & la plus mauvaise, deviendrait un champ fertile par les ressources de la culture. Le plus mauvais sol donnerait un nouveau mérite à des travaux que j'ai perfectionné dans des terres improductibles.

Dans un Comité d'Agriculteurs éclairés, mes

mes propositions ne pouvaient que plaire. Plusieurs séances ont absolument satisfait les Membres respectables qui ont discuté mes principes. Le frottement des idées a épuisé la matiere, suivant le desir unanime de tous. J'avoue que l'émulation, qui dans tous les hommes est le germe des talens, ne m'a présenté de délassemens & de plaisirs, que les heures pendant lesquelles j'ai pu m'occuper uniquement de mon objet. Son exécution retardée par la situation des finances, la plus grande économie pour la rendre possible, ne m'a pas été plus favorable. On s'est contenté de recueillir mes assertions, de les estimer moralement, en les consignant dans le répertoire de l'Agriculture. Le chemin des landes de Bordeaux m'a été offert comme le moins frayé de la nature; ce n'était pas le moyen de me rebuter. Prêt à partir, ne demandant qu'un lest de six mille livres pour mettre à la voile; tout étant consenti, & n'ayant plus besoin que de la ratification ministérielle, M. de Calonne n'a point jugé qu'il fût nécessaire de mettre en culture inſenſiblement trente lieues de pays, dont l'emplacement ſemble inviter à l'établiſſement d'une Colonie. Pourquoi la liberté des actions dépendait-elle alors d'une ſeule tête ? Pourquoi le droit de prononcer ſur les opérations de l'État, n'était-il pas, comme aujourd'hui, réſervé à l'examen ſérieux d'un Comité Royal de Finances ? Chaque Membre qui le compoſe, fut deſiré par la Nation dans les momens les plus orageux. Le choix du Monarque que l'expérience rendait ſi facile, a fixé pour toujours la confiance nationale. Mais j'ai deſiré de ſervir ma patrie dans des tems trop contraires.... Tout était dans la main de celui qui m'a refuſé ſix mille livres pour commencer une tâche auſſi glorieuſe, dans un ſol, par ſon étendue & ſa nature, propre à éclairer la Nation. Ces mêmes ſix mille livres ſuffiſant pour donner une idée juſte de l'entrepriſe en commençant le défrichement, ne pouvaient occuper un Miniſtre trop avancé par le trouble du moment dans des erreurs, dont une tête imposante dans le premier ordre de l'État, a interrompu le cours. Le véritable amour de la Nation dans un personnage puissant & désintéressé, devait seul réparer des maux, qui, de plus en plus, devenaient sans remède. Un Prélat que la fortune favorisait de tous ses dons & de la plus heureuse sécurité ; moins occupé du bonheur parfait dont il jouissait, que de celui de l'État & du Prince que tout contrariait, s'est imposé la tâche la plus difficile, mais la plus glorieuse;.... celle de réparer les forces de l'Etat épuisé. Généreux dévoument, toi dont le sentiment sublime ne pénètre que des ames grandes & élevées ; que deviendrait un royaume sans toi?.... Quel en serait le régime & la prospérité?... C'est toi qui fais de ma solitude une retraite paisible & heureuse.... C'est toi qui me places sous l'égide de celui dont tu fais l'unique jouissance.... C'est toi qui, par des expériences réitérées dans les terres les plus ingrates, me fit apprécier la valeur d'un sol méprisé par tous les cultivateurs, & dont la culture est si précieuse.... Je reviens aux landes de Bordeaux.

Le Gouvernement, toujours occupé du défrichement des landes de Bordeaux qui lui paraît si essentiel, le regarde presque comme impossible. La nature du sol, la ruine de tous ceux qui y ont entrepris des cultures, l'air brûlant de la mer & l'aridité des sables qui forment trente lieues de pays, ne laissent aucun espoir. Les uns ont cultivé sans que la terre ait produit; un seul, suivant la tradition du Gouvernement, était au moment de la plus riche moisson, quand le vent le plus violent a couvert ses récoltes de trois pieds de sable. Ce dernier vient à l'appui de mes principes, & fait voir que toute la terre où la charrue peut entrer, est productible. Mais pourquoi renoncer à des travaux aussi glorieux, à la vue d'une perte si facile à réparer? Il ne s'agissait que de mettre les champs en culture à l'abri du vent de mer:.... rien n'était plus facile. En donnant une idée de l'exécution de mon défrichement, ſi le Miniſtre l'eût accueilli, le Lecteur pourra juger ſans partialité.

Le bien en grand n'eſt poſſible qu'avec de grands moyens. Ceux qui peuvent tout entreprendre, veulent à peine haſarder quelque choſe. La certitude morale ne leur ſuffit pas. Il faut donc dans un petit eſpace faire ſes preuves, afin d'éclairer le Public & le Gouvernement. C'eſt dans le Livre des champs, que le Laboureur peut s'inſtruire; il n'y a que celui-là qui ſoit à ſa portée. Six mille livres m'auraient ſuffi pour donner de l'enſemble des landes de Bordeaux un apperçu raiſonné. Mais étant réduit à l'unique reſſource d'écrire, pour offrir à la Nation ce que la culture eût rendu plus ſenſible, j'en ferai l'explication de maniere à mettre tout le monde à portée de l'exécuter.

Le moyen de former un abri contre le vent de mer, eſt ſimple. Il faut s'éloigner des limites de la mer d'environ trois cent pieds, ouvrir deux foſſés de ſix à ſept pieds de largeur ſur cinq de profondeur, leur donner vingt pieds de diſtance, afin que cet eſpace ſerve à la conſtruction d'une digue, formée des ſables que ces mêmes foſſés fourniront; enſemencer cette digue de vignots; planter dans ſes côtés des ſaules & des épines; ſe ſervir en général de toutes les plantes, dont l'accroiſſement fournit plutôt un maſſif. Cette plantation faite en Mars, jointe à l'élévation des terres, recevra le tourbillon des ſables..... Semblable au rocher contre lequel vient ſe briſer le flot de la mer, il viendra ſe perdre ſur cette maſſe, au lieu de couvrir le champ cultivé. Il ne fera tout au plus que contribuer inſenſiblement à l'augmentation de la digue, ſans expoſer le cultivateur à la ruine de ſes travaux. Je ſuppoſe que cette première opération ne ſuffiſe pas, & qu'une portion des ſables dont le nuage ſera diviſé par la rencontre de la digue, ſe répande dans le champ; il n'en réſulterait que peu de perte, ou même pas du tout. Dans le premier cas, l'ouvrage fait n'en ſerait pas moins précieux, puiſqu'il protégerait toujours les récoltes du champ qu'il avoiſinerait. Une ſeconde digue de dix pieds de large, à cinq ou ſix cents pieds de la première, aſſurerait infaiblement toutes les terres, qui ſe trouveraient à l'abri par cette double élévation de terre. Le premier champ ferait tous les ans par ſes productions, le fruit du premier travail, tandis que la totalité des terres cultivées, fournirait au cultivateur une double récompenſe. Mais il me ſemble déja voir le Lecteur ſe perdre dans des calculs, ſupputer le coût de cette entrepriſe, & regarder ſix mille livres comme une ſomme trop faible pour ſon exécution. Je conçois qu'avec une ſomme plus forte, on cultiverait un champ plus vaſte, qui, par ſon étendue, ferait l'avantage du cultivateur, en lui donnant, dès le commencement, des bénéfices. Mais uniquement occupé de mettre au jour ma découverte, afin de fixer l'attention du Gouvernement, & de le convaincre par la force de l'exemple; je me trouvais trop heureux de faire connaître mon désintéressement, en commençant avec une somme dont la modicité ne pouvait compromettre la confiance du Ministre. Le résultat devait, au moins, balancer les frais de mise; & le refus d'un Ministre sur une matière aussi importante, ne pouvait être toléré que par la position des finances. Cette somme aurait bien circonscrit le champ de mes épreuves. Vingt arpens au plus, pris sur le long, en arrivant à la mer, afin d'avoir une digue plus courte à élever, auraient suffi à l'engrais de vingt bœufs, quarante moutons & vingt porcs, dont la vente m'aurait produit tous les déboursés du Gouvernement. Quand un essai rend de cette manière, son introduction en grand présente des revenus considérables. Il faut analyser cette expérience par parties, en paſſant des améliorations à la culture, de la culture aux ſemences, des ſemences à la récolte, de la récolte à l'engrais des animaux.

Pour améliorer des ſables très-arides & très-brûlans, il ſerait à deſirer de poſſéder dans leur voiſinage, des terres argileuſes. Alors le ſimple tranſport de ces terres ſur les ſables, & des ſables ſur le champ argileux, porterait la fertilité dans chaque terre, qui n'a beſoin que d'une ſubſtance oppoſée à la ſienne. Il eſt de principe en culture, qu'il faut toujours uſer de contraires en fait d'engrais; ce qui ſe démontre bien facilement. L'argile raſſemble des ſables que la grande ſéchereſſe diviſe. Elle en fait un corps ſolide & imbibé, qui contient tout à la fois les ſels & l'humidité. La première qualité communique à chaque ſemence les ſucs les plus précieux, tandis que la ſeconde, développant aiſément le germe, donne au chevelu de la plante tout l'accroiſſement poſſible. Au défaut de la glaiſe, les boues du chemin voiſin, les vidanges d'étangs ou de foſſés, portées ſans apprêt dans le champ ſablonneux de diſtance en diſtance, donneront l'aſſurance d'une récolte abondante, en influant ſenſiblement ſur l'augmentation du fonds. Les fumiers de cheval & de mouton, ſeraient nuiſibles à cette culture. Celui du bœuf, du porc & de la vache, eſt le ſeul qui, par ſes qualités onctueuſes & fraîches, pût convenir à cette amélioration. Dans le choix de ces divers engrais, le fumier me paraît le moins fructueux, du moins pour les premières années, quand il s'agit de donner à un champ de la ſubſtance. Il doit, par la ſuite des tems, être employé avec beaucoup de ſuccès, quand le ſable & l'argile, dans l'eſpace d'environ ſix années, ont produit leur effet. Alors la fraîcheur de l'argile épuiſée par la chaleur des ſables, exige un nouveau tranſport d'argile ou de terre glaiſeuſe. Celui qui ferait aſſez voiſin de l'argile, pour en couvrir ſes ſables tous les deux ans, pendant l'eſpace de dix années, aurait fait une acquiſition ſur lui-même, dont le produit ſerait conſidérable. Ce mêlange cinq fois répété, ſuffirait pour toujours, & n'aurait beſoin après ce tems, que d'être tous les deux ans légérement engraiſſé avec les vidanges ou fumiers ci-deſſus déſignés. Le cultivateur très-voiſin de l'argile, doit toujours la préférer. Il en eſt de même des ſables portés ſur l'argile. L'épuiſement de ces deux ſubſtances opéré en ſix années, & qui exigerait un nouveau travail, ne ſerait occaſionné que par la négligence du cultivateur, qui ſe bornerait au premier tranſport d'une terre ſur l'autre. Il eſt plus facile & plus utile d'entretenir la fécondité d'un champ, que de la faire renaître. Les engrais que fourniſſent les villes, ſont propres à fertiliſer toutes les terres, & produiraient le meilleur effet dans les ſables brûlans. Rien n'eſt plus aiſé que de les féconder, par la multitude des engrais qui peuvent ſuffire à leur culture. Elle eſt d'autant plus précieuſe, que le degré de chaleur des terres étant proportionné à la quantité & qualité de ſes ſels, il n'y a point de ſol qui en contienne autant que les ſables arides. Mais ſeuls & ſans parties humides, le plus puiſſant mobile de la végétation ne fait qu'attendre qu'on lui communique des terres mortes ou des fumiers ſans chaleur, pour tempérer le feu qui le rend improductif. Les landes de Bordeaux de trente lieues d'eſpace, enſeveliſſent dans leur ſein des richeſſes, qui peuvent faire un jour le bonheur de la France. Cet engraiſſement préſenté ſous tant de formes qui le rendent poſſible à tout le monde, n'a beſoin que de la main-d'œuvre. Il n'y a point de pays, où l'un ou l'autre des engrais indiqués, n'exiſte. La ſeule volonté d'agir ſuffit, tandis que le bien général & particulier de l'État, eſt le premier ſentiment d'un Miniſtre, qui fonde juſtement l'eſpoir de la Nation. Occupé de l'enſemble du royaume, chaque branche importante des finances méritant l'attention la plus ſér rieuſe, la culture qui eſt l'ame & la ſource de toutes, ne ſera point oubliée. Après avoir fait connaître la poſſibilité & la nature des améliorations propres aux landes de Bordeaux, le moyen d'y former une colonie, me paraît le plus eſſentiel à traiter.

Une plaine de trente lieues de pays à peupler, ſemble offrir des aziles à la plupart des familles de la France ſans propriété, dont les bras réclament le travail des champs; nées dans la misère, conſolées par la religion, le lieu de leur naiſſance qui ſouvent ne leur rappelle que des peines, n'eſt pas propre à les fixer. Le canton de la France ou la bonté du Prince leur aſſurerait un patrimoine, deviendrait la terre promiſe de tant de malheureux, pénétrés de reſpect & d'amour pour leur Roi; chaque Colon reconnaîtrait dans les bienfaits du Monarque, la main de Dieu qui l'arracherait de la détreſſe; fidèle à tous ſes devoirs, invité par le plaiſir, la reconnaiſſance & la néceſſité à la perfection de ſes travaux, le lever de l'Aurore le verrait commencer par ſon hommage à la divinité, & voler enſuite à ſes champs. Heureuſe Colonie!.... Que tes idées ſont riantes & conſolantes pour l'eſpèce humaine!... Elles préſentent tous les moyens de la ſoulager, & ceux de faire connaître à ton Roi combien un Français peut l'aimer, s'il n'en avait pas encore fait la douce expérience; mais plus certain encore d'être adoré dans cette contrée prédeſtinée, & d'y voir multiplier des Tributaires nombreux, fidèles & vigoureux, l'intérêt du Souverain joint à celui de ſes ſujets, ſemble exiger cet établiſſement, qui par ſon exécution, aſſurerait le défrichement de toutes les terres incultes du Royaume. La plus mauvaiſe terre devenue fertile, l'oiſiveté ſerait bannie de la France, l'abondance ſerait le fruit des travaux; le ſuperflu de la nation exporté dans des pays moins favoriſés de la nature, deviendrait l'échange de tout ce qui lui vient de l'étranger; le numéraire ne ſortirait point du

Royaume, & ſerait le gage d'une paix durable qu'aucune Couronne n'oſerait troubler. Mais il faut trouver & raſſembler aſſez de Colons pour réuſſir dans une entrepriſe qui procurerait de ſi grands avantages. Les Landes de Bordeaux étant placées dans un déſert, cette Province comme bien d'autres, ſerait d'une faible reſſource ; l'Auvergne dont le peuple nombreux naît avec le goût des voyages, en cherchant un pays meilleur que le ſien, contribuerait en grand nombre à la formation de la Colonie ; la certitude d'une propriété ſuffiſante pour faire vivre une famille, peuplerait d'honnêtes gens ces landes immenſes. Tout homme ſuſpect ou turbulent, n'aurait point le droit de prétendre à la moindre part de cet établiſſement, dont le ſuccès & la proſpérité dependraient eſſentiellement des mœurs & de la probité.

Chaque infortuné des diverſes Provinces, aurait beſoin du témoignage de ſon Seigneur & de ſon Curé, pour obtenir de ſon Intendant une lettre d'aſſurance adreſſée à M. l'Intendant de Bordeaux, qui, delivrerait autant de commiſſions émanées de Sa Majeſté, dans leſquelles il n'y aurait que le nom du Colon à remplir. Le même nombre d'arpens pour chaque habitant ne ferait point de jaloux, & donnerait la facilité de fonder cinq ou ſix prix d'encouragements annuels, pour les ſix Colons dont la culture & les récoltes, mériteraient la préférence ſur le reſte de la Colonie. Elle ſerait tenue de fournir la valeur des recompenſes taxées à ſix cent livres pour le premier, cinq cent livres pour le ſecond, quatre cent livres pour le troiſième, trois cent livres, pour le quatrième, deux cent livres pour le cinquième, & cent pour le ſixième vainqueur. Le Gouvernement ſur le rapport de M. l'Intendant de Bordeaux, protegerait de ſon regard & de ſa bienfaiſance cette nouvelle contrée pendant les trois premières années, en couronnant les ſix agricoles, & leur donnant pour Couronne ſix médailles en argent de la valeur d'un louis, préſentant d'un côté un un laboureur couronné par ſon Roi avec les numeros depuis un juſqu'à ſix, qui déterminerait ſa place parmi les vainqueurs, & de l'autre côté les attributs de l'agriculture. Ces médailles ſeraient diſtribuées par M. l'Intendant ainſi que les prix en argent, afin de donner à la Colonie les moyens de s'établir ſolidement, avant de fournir la moindre contribution. A l'expiration de ces trois années, il n'y aurait qu'une médaille de même valeur aux frais de la Colonie, pour celui qui aurait droit à la première gratification. Elle repréſenterait d'un côté les attributs de l'agriculture, & de l'autre un Colon couronné par ſes ſemblables. C'eſt ainſi que l'émulation donnerait à cette nouvelle peuplade le véritable amour de la culture. C'eſt ainſi que la gloire de tranſmettre à ſa poſtérité des médailles glorieuſes diſtribuées par l'ordre du Souverain, ferait en trois ans parmi des hommes groſſiers, ce que pluſieurs luſtres ne pourraient ébaucher. C'eſt ainſi que la médaille annuelle donnée par la Colonie, ferait naître dans le cœur du Colon le plus novice, l'eſpoir conſolant de la mériter un jour à force de travaux. C'eſt ainſi que la certitude de convaincre tous les Colons par la force de l'exemple, & de les attacher tous à la culture du premier vainqueur, les mettrait un jour tous de niveau dans une portion de la France digne d'envie. Peut-être ce lieu maintenant ſi mépriſé, ſera-t-il un modèle à ſuivre pour le cultivateur, un aſyle de ſécurité & de bonheur ſans le ſecours des loix !.... Peut-être qu'un peuple compoſé de cette manière, & marchant ouvertement ſur les traces du plus habile, ne ferait, pour ainſi dire, qu'une même famille, dont l'union parfaite ſerait le fruit de la ſympathie, que le déshonneur de déplaire à la colonie, conſerverait par la crainte dans tous les cœurs !.... La Religion ſuffit à l'honnête homme. Tout le rapproche de ſon culte, & le force à l'aimer, quand les douceurs de la vie & ſon intérêt perſonnel, dépendent en partie des mœurs.

Oui je crois partager les réflexions d'un de ces colons, & l'entendre dire à sa femme & à ses enfans : » Je gémissais » autrefois sans fortune & sans appui. Une » conduite sans reproche m'a mérité tout » ce que je possède. Mes enfans..... » n'abandonnez jamais celui qui veille » invisiblement sur nos destinées ; puisque » sans sa bonté suprême, vous n'auriez » pas où reposer la tête. Chaque récolte » peut ajouter aux fruits de vos veilles & » de vos fatigues une récompense glo- » rieuse, & vous faire chérir par vos sem- » blables. «

Dans une vie toujours occupée, & dont la plus douce jouissance est de satisfaire à ses devoirs ; qui pourrait en altérer le régime, & se soulever contre une dépendance volontaire & réciproque, qui en ferait le bonheur, la fortune & la gloire ?.... Après avoir considéré les avantages du sort de chaque colon, dont la propriété fixée à cinquante arpens, ferait ſuffiſante pour un ménage plus ou moins nombreux, les conditions du cens qui font l'aſſurance d'une colonie, vont entraîner des détails intéreſſans. Trente lieues de landes donnent à-peu-près cent cinquante mille arpens, qui formeraient trente mille feux. Le cens à deux ſols l'arpent, rendrait chaque colon tributaire de cinq livres, & la colonie débitrice de trente mille livres annuellement. Après quinze ans de culture, l'impôt de chaque habitant, eſtimé par ménagement à cent livres, ne ſerait que la moitié de la perception ordinaire par tout le royaume, & ferait une ſomme annuelle de trois millions. Quand il n'y aurait que cette portion de landes en France, exiſterait-il un objet de ſpéculation plus important que celui-là?.... Mais il découvrirait bien d'autres ſources de richeſſes, puiſqu'il aſſurerait la culture de l'enſemble des terres vaines & vagues du royaume. Si l'on conſidère dans un projet qui n'a rien que d'utile, puiſqu'il s'agit de faire produire des terres oubliées, l'augmentation considérable des impôts, celle de la population la plus robuste & la plus heureuse, la richesse inépuisable du Monarque & l'aisance de ses sujets; tous les bras de la Nation destinés aux travaux pénibles, & dont la plupart est oisive, retrouveront dans la douce occupation des champs, la fin d'un esclavage, dont quelques-uns ne s'affranchissent par désespoir, qu'en cherchant dans le crime & les forfaits, ce que la terre peut donner.

Trente mille livres de cens dès la première année de jouissance, & trois millions d'impôts annuels après quinze ans de culture, enrichiraient un particulier, qui, avec trois cent mille livres au plus, pourrait jetter les fondemens d'une fortune aussi considérable. Mais elle appartient au Prince, & ne peut être l'apanage que d'un Monarque..... Aucun emprunt pour le trésor de Sa Majesté, ne produit au prêteur dix pour cent, tandis que le cens verſerait cet intérêt dans les coffres du Roi. L'avantage du Monarque eſt frappant ſous ce ſimple apperçu..... Il eſt immenſe avec les conſidérations de l'impôt..... Il eſt digne d'un Roi père de ſes Sujets, qui, par un encouragement auguſte, ſçait relever ſes États, & leur donner la ſplendeur digne de lui, en augmentant le patrimoine de tous les Français par un défrichement général.....

Si les landes de Bordeaux appartenaient en entier au Roi, la facilité de les faire produire une fois connue, ſuffirait pour décider cet établiſſement. Mais la ſeule différence qui peut en réſulter, c'eſt que la colonie partagée par villages, aurait des voiſins, qui, finiſſant par céder à la force de l'exemple, cultiveraient comme elle, en payant à des particuliers, ce qu'elle payerait au Roi. En ſuppoſant la propriété de Sa Majeſté, limitée à cent mille arpens, le cens ne ferait que de vingt mille livres, l'impôt que de deux millions, l'encouragement du Souverain que de deux cent mille livres. Le Roi ne ſerait privé que du cens du tiers des landes poſſédées par différens Seigneurs. Le travail & le ſuccès de la colonie, aſſureraient tôt ou tard le défrichement de ce même tiers, qui rendrait un million d'impôt ſans coûter au Roi cent mille livres; mais ſans lui rapporter dix mille livres de cens. Il n'eſt point de Souverain qui limite ſes propriétés, quand il peut les étendre à ce prix:.... il n'eſt point de ſujet qui ne deſire, par ſon travail & ſon dévouement, partager ce bien-être avec ſon maître:.... il n'eſt point de Français qui ne ſente mieux que toute autre Nation, le plaiſir d'être Royaliſte, & conſacré à l'utilité publique & perſonnelle. La miſe de fonds, à raiſon de trois cent mille livres pour cent cinquante mille arpens, ne donne que cent livres, pour former dans l'étendue de cinquante arpens, un établiſſement. Cette proportion paraîtra faible à tous ceux qui ne calculeront pas la valeur des bénéfices des moiſſons, & qui ne ſentiront pas qu'on peut faire en grand pour une ſomme proportionnelle ce que ſa diviſion en petit rendrait impoſſible. Un Agriculteur choiſi par le Gouvernement pour la conduite de ce projet, aurait à la fin de ſon exécution, dépenſé deux millions au lieu de deux cent mille livres. Chaque habitation reviendrait à mille livres. Il ne s'agirait d'abord que de loger des colons un peu mieux que les habitans des bois, avec des appentis pour leur bétail, leurs denrées & inſtrumens de labourage. Chacun augmenterait ſa bâtiſſe à meſure que ſa culture ſe perfectionnerait. Il puiſerait dans ſa ſource tous les beſoins relatifs à ſon entrepriſe, comme le cultivateur choiſi par le Gouvernement l'aurait fait dans l'enſemble des produits, pour l'exécution totale. Chaque colon ſerait en ſûreté dans ſes travaux par une ou deux digues. Il trouverait dans ſon ménage un couple de bœufs, les premiers comeſtibles pour eux & pour sa famille, une charrue, un couple de bannes, & la moitié de sa terre ensemencée; ces différens objets avec son logement, évalués à mille livres. Ajoutez à cela le peu de secours que chacun pourrait se procurer de lui-même, & ce fondement de colonie cessera d'être un problême.

Le cultivateur chargé de cette grande opération, pourrait remplir une tâche aussi glorieuse en six ans; il acquiterait pendant ce tems la valeur du cens à raison de l'étendue de ses moissons. Le dépôt de tout ou partie de l'encouragement ne serait dans sa main, que sous l'inspection de M. l'Intendant de Bordeaux; il aurait des bras à suffire en s'adressant aux différens Curés qui entourent cet immense desert. Il n'y a point de paroisse où plusieurs charrues ne soient partie de l'année oisives par la misère; ce serait à ces pauvres laboureurs que les premiers travaux seraient confiés. Le meilleur traitement pour ces infortunés, joint à l'eſpoir de devenir propriétaires dans cette Colonie, ouvrirait noblement cette carrière, & inviterait tous les malheureux agricoles des diverſes Provinces à la parcourir. MM. les Intendants ſecondés par les Aſſemblées Provinciales, peupleraient en ſix ans de Colons, cette terre qui leur ſerait préparée, & dans laquelle ils trouveraient des récoltes à faire, deux bœufs pour labourer les terres deſtinées à la prochaine ſemence & tout ce qui leur ſerait indiſpenſable. Ces hommes ſi précieux pour l'État & maintenant oubliés, ne ſortiraient de la détreſſe que pour verſer l'abondance dans toute la France, & partager un jour le fruit de leur culture, avec des pays moins fertiles. Le Roi pendant vingt & un ans aurait reçu 420 mille liv. de cens pour deux cent mille livres d'encouragement; la vingt-deuxième année, verſerait dans ſon tréſor trois millions d'impôts. La totalité de cette lande étant néceſſairement cultivée depuis quinze ans, cet impôt n'eſt point exageré, puiſque chaque Seigneur riverain de Sa Majesté aurait un intérêt direct à faire dans sa portion, ce que le Gouvernement ferait faire dans l'apanage du Souverain ; il est même loin de toute vraisemblance de supposer ce Seigneur pendant six ans dans l'inaction, telles sont les réflexions qu'une nouvelle population dans trente lieues de pays fait naître. Elles seroient beaucoup plus étendues si la juste considération de l'impôt général réparti sur la sixième partie de la France mise en culture, était offerte au lecteur sous tous ses rapports ; elle présente en masse un sixième d'augmentation d'impôt, un peuple dans l'abondance & la vigueur, un Monarque trop heureux & trop puissant dans ses États pour ne pas contenir toutes les puissances sans leur donner des chaînes ; mais en contribuant à l'adoucissement de leur vie, par l'exportation de son superflu..... Gage précieux d'une paix durable !... Quand verseras-tu le calme & l'aisance sur la nation la plus policée ?... Quand forceras-tu les peuples les plus grossiers, à la respecter sans oser la troubler ?...

Quand feras-tu le bonheur de ces derniers, par la largeſſe des premiers qui partageront avec eux leurs productions ? . . . Quand feras-tu ſentir à toutes les Puiſſances auſſi-bien qu'à Louis le Bien-Aimé, que l'humanité ſeule fait régner ; que la tyrannie ſeule devaſte les Etats ? O toi ! reſpectable Colon, dont les bras peuvent ſeuls commencer ce grand ouvrage, tu recevras toutes les marques d'amour de ton Roi ! . . . Tu réuniras à la récompenſe honorable de tes ſix membres vainqueurs, l'affranchiſſement de leur cens chaque année de leur victoire ! . . . Ta félicité fera celle de tout un Royaume ! Il eſt tems de penſer aux ſemences & à leur uſage.

Les ſables arides & brûlants des landes de Bordeaux, tempérés & améliorés avec les engrais indiqués dans le commencement de cet ouvrage, feraient ſuſceptibles de toutes les productions. Il n'y a point de ſemence dont le germe promptement développé dans une terre en fermentation par l'oppoſition de ſes parties, ne rendît au cultivateur une récolte abondante; les denrées les plus précieuſes devant toujours être préferées, la pomme de terre doit être la baſe de cette culture; au-deſſus de tous les farineux par ſa fineſſe & ſa ſalubrité, elle rend pluſieurs fois la valeur des autres moiſſons par la quantité de ſes produits. Tous les ſables lui communiquent plus de farines & plus de délicateſſe; la terre la plus eſtimée de nos jours, ne lui convient point autant que les terres légères; la première ſemble donner à la pomme une partie de ſa compacité. Son ouverture, après l'avoir miſe à cuire ſur la braiſe, préſente plus de ſolides que de corps diviſibles. Les dernières, moins avares de la quantité & de la qualité, ſemblent, pour multiplier ces farineux, s'être dépouillées de leur légéreté. M. Parmentier, par ſa culture dans la plaine des Sablons, donne à mes expériences un appui que tout Lecteur ne peut que reſpecter.

Ce mauvais ſable produiſant vingt à trente ſeptiers de pommes de terre à l'arpent, je laiſſe à juger ce que doit rendre un ſable fertiliſé par la nature des engrais. Afin de donner une idée juſte de l'importance de ce farineux, il ſuffit de prouver que la meilleure prairie eſtimée dans toutes les provinces deux fois plus cher que la meilleure terre à labour, ne produit que la moitié de la plus mauvaiſe terre labourable, conſacrée à la culture de la pomme de terre & du maïs. J'ai eu l'honneur d'occuper ſur cette matière pluſieurs Comités d'Agriculture, préſidés par M. de Vergennes, pendant les mois de Juillet, Août & Septembre 1785. L'accueil conſtant de tous les Membres du Comité, juſqu'à la clôture du dernier, la juſtice rendue à toutes mes aſſertions, l'examen ſérieux & profond que l'on m'a fait ſubir & dans lequel j'ai trouvé de nouvelles lumières, m'ont fait naître l'eſpoir conſolant de donner à ma Nation mes découvertes ſur l'Agriculture. La démonſtration de la préférence que mérite la pomme de terre ſur tous les farineux, ſera le ſujet de l'article ſuivant.

Cent cinquante perches de vingt deux pieds la perche, dans le meilleur fonds d'herbage ou de prairie, ne font que ſuffire à l'engrais d'un bœuf. La même étendue, dans une terre dont la nature n'était qu'un ſable brûlant, m'a donné, en 1781, la plus riche moiſſon de pommes de terre & de maïs. Le mêlange de ces deux farineux a parfaitement engraiſſé en moins de deux mois, deux bœufs deſtinés pour la bouche de Sa Majeſté. Ils ont fait les délices de la table du Roi pendant le mois d'Avril 1782. Des mémoires préſentés à ce ſujet à M. d'Ormeſſon, chargé pour-lors du département de l'Agriculture, lui firent deſirer les moyens de me mettre en activité. Ce ſuffrage, ainſi que celui de M. de Vergennes, ne pouvant exiſter ſans motifs, feront dans la deſcription de mes expériences, ce que les ombres ſont au tableau. Un jeune Ecrivain donne à la vérité de ſes écrits bien de la force, quand il ſait, comme un Peintre, faire reſſortir ſes couleurs dans un jour favorable. J'ai moins à redouter la demi-croyance. L'incertitude ne ſuſpendra point des travaux dont je deſire inſpirer le goût à tous les Français.

Le ſimple expoſé de deux bœufs engraiſſés avec les farineux récoltés dans l'eſpace de cent cinquante perches de terre; les ſemences abondantes qui me reſtaient de cette même récolte, la comparaiſon établie entre les terres labourables & les prairies, font preuve de la plus grande économie. Le Roi ſe reſſouvient encore de cet aliment exquis dont il eſt conſtamment privé. Cette raiſon ſi puiſſante ſur le cœur d'un Français, fait le charme de ma retraite. Les garans reſpectables que j'ai cités pour le développement de mes principes, fondent mes eſpérances. La certitude d'être utile aux propriétaires,

propriétaires, me fait un pressant devoir de leur offrir mes observations. L'essai que chacun pourra faire par lui-même, me répondant de son estime, je ne connais point de bonheur égal à celui d'écrire sur cet objet, qui peut un jour enrichir la France. Après avoir démontré l'économie par la différence des produits de chaque sol, & l'engrais de deux bœufs contre un, il faut encore la rendre plus sensible par la comparaison de chaque animal. La qualité des denrées leur donnant plus ou moins de poids, les bœufs engraissés avec la pomme de terre & le maïs, pèsent un sixième de plus que leurs semblables, qui présentent sur pied le même volume. Chaque livre recèle des sucs plus précieux & plus délicats. L'ensemble de l'animal offre, dans son dépiécement, la finesse & la pesanteur. Le collier du bœuf toujours maigre, est dans celui-ci sillonné de veines grasses, qui font juger de la perfection de l'engrais. La couverture du bœuf offre un tissu qui fait desirer l'ouverture de l'animal. Son dedans, plus ferme & plus blanc, n'eſt point flaſque & vide, comme dans la plupart des bœufs. Son jus, ſans le ſecours d'aucun mêlange, fait le meilleur conſommé. La ſupériorité de cet engrais ſur tous les autres, donne une preuve ſenſible de ſa ſalubrité. Telles ſont les obſervations que pluſieurs eſſais m'ont fait faire. Il en réſulte la multiplication d'un ſixième de livres, ſans parler de celle de l'eſpèce qui ſera démontrée dans ſon tems. Elle eſt également multipliée par ſa qualité, qui profite beaucoup plus que celle d'un bœuf d'échantillon, engraiſſé dans les meilleurs pâturages. Après avoir donné preuves ſur preuves de la perfection économique de la pomme de terre & du maïs pour l'engrais des bœufs, il eſt intéreſſant d'établir que la préférence de cet engrais peut devenir la ſource inépuiſable de toutes les autres denrées par toute la France. Elle ſeule peut donner à chaque production toute la qualité dont elle eſt ſuſceptible:.... elle ſeule peut empêcher la France d'être menacée de l'épuisement des fourages, comme elle le fut en 1785 :.... elle seule peut éclairer les Laboureurs par la conviction des moissons. O! toi! respectable colon!.... quand verrai-je tes yeux étonnés fixés sur des landes que tu foules maintenant à tes pieds?.... Quand verrai-je leur fertilité te rendre attentif à leur culture? Moment si desiré, c'est toi qui fixeras l'époque de la fortune nationale!.... Passons aux détails de cet engrais, & des suites heureuses qui doivent en résulter.

La terre est aussi prodigue du maïs que de la pomme de terre : la même culture convient à ces deux farineux; leur mélange variant le goût de l'aliment, réunit à cet avantage celui de communiquer des sucs infiniment délicats. J'expliquerai dans la suite la manière de les ensemencer, de les récolter, & de les mêlanger ou séparer pour les bœufs, porcs & moutons.

Afin d'établir un calcul raisonné de la valeur des terres en friche par tout le royaume, il faut commencer par apprécier les produits que pourraient donner les landes de Bordeaux. En les prenant pour base de l'évaluation des autres communes, le Lecteur ne pourra que la juger trop faible. On ne connaît point, par toute la France, de terre en friche aussi ingrate que celle des Bordeaux. Trente lieues d'espace, ou cent cinquante mille arpens d'étendue, peuvent fournir un jour l'engrais de cent cinquante mille bœufs, autant de porcs & trois cent mille moutons. L'entreprise est grande, sans être difficile : tout dépend d'un encouragement dont les avantages multipliés pour le Monarque, sont détaillés dans la première partie de cet Ouvrage. Le cens, l'impôt & le trésor de la culture, sont trois motifs si puissans, que l'un des trois suffit pour décider ce travail. La situation des finances forçant de recourir à des emprunts, loin d'éloigner cette opération, vu la néceſſité d'une miſe de fonds, ſemble la demander de plus en plus. Encouragement digne du plus grand des Bourbons ; c'eſt toi ſeul qui faiſant triompher l'Agriculture, dont la ſource eſt l'unique fortune du Prince & de ſes Sujets ; c'eſt toi, dis-je, qui remettras l'équilibre entre la recette & la dépenſe du Monarque, & qui finiras par le combler de tous les dons..... Le ſeul impôt de tes moiſſons dans des terres maintenant couvertes de mouſſes & de bruyères, acquittera toutes les dettes nationales. Chaque Français te devra ſon aiſance & ſa proſpérité. Le principe de ce bonheur émanant du Souverain, deviendra le plus ferme appui du Trône, & le plus ſûr garant de l'amour & de la reconnaiſſance du Sujet pour ſon Maître..... Liens ſacrés, dont les nœuds ſont ſi chers, par vous ſeuls la gloire enchaînée, fut, & ſera plus encore, l'apanage inſéparable de la Couronne. Paſſons aux preuves.

La France contient environ vingt-ſept millions d'habitans, dont la conſommation en bœufs, porcs & moutons, monterait à deux millions ſoixante & dix-neuf mille bœufs, onze millions trois cent quarante mille moutons, trois cent quatre-vingt-huit mille huit cents porcs, ſi celle de la ville de Paris pouvait ſervir de baſe proportionnelle à ce calcul. Elle eſt néceſſairement beaucoup moins forte dans toutes les campagnes, du moins pour les bœufs. Mais en la ſuppoſant égale dans toutes les parties du royaume, il en réſulterait que les landes de Bordeaux fourniſſant l'engrais de cent cinquante mille bœufs, autant de porcs & trois cent mille moutons; la totalité des landes & communes conſacrée à l'engrais de ces animaux, fournirait bien au-delà des beſoins de la France. En effet, en réduiſant l'engrais des cent cinquante mille porcs à celui de quatorze mille quatre cents que conſomme la ville de Paris, & faiſant ſervir à l'engrais des bœufs & des moutons celui de cent trente-cinq mille six cents porcs, il est aisé de voir combien quatre mille bœufs de plus consommeraient de cet aliment. Un bœuf mange autant que dix porcs, en observant qu'il ne s'agit ici que de la consommation des farineux, & que le porc est aux deux tiers engraissé avec d'autres alimens qui se trouvent de rebut dans chaque ménage, & que tout autre animal ne pourrait consommer. Quatre mille bœufs exigeraient autant de farineux que quarante mille porcs; ce qui réduit l'engrais des porcs à quatre-vingt-quinze mille six cents, en portant le nombre des bœufs engraissés à cent cinquante-quatre mille. Un porc mange autant que dix moutons. Cinq cent quarante mille moutons de plus, dépenseraient l'engrais de cinquante-quatre mille porcs; ce qui ne laisse plus que la possibilité d'engraisser quarante & un mille six cents porcs. Enfin, pour trouver dans les landes de Bordeaux deux fois l'engrais nécessaire aux bœufs, porcs & moutons que la ville de Paris consomme chaque année ; réduisons encore les quarante & un mille six cents porcs au nombre de vingt-sept mille deux cents porcs, dont les alimens pourraient servir à pourvoir abondamment aux menus comestibles des basse-cours. L'éducation & l'engrais des volailles, faisant vivre dans bien des pays quantité de pauvres familles, chaque colon pourrait tirer un grand parti de la sienne, la patate & le maïs lui communiquant le goût le plus recherché. En supposant les landes de Bordeaux cultivées en totalité chaque année, elles fourniraient aux besoins de deux millions d'habitans. Mais afin de présenter cet apperçu avec toute la modestie qu'exige un calcul aussi général, ne considérons les landes de Bordeaux que suffisant aux besoins de ces trois denrées pour la ville de Paris, & faisons servir cette réduction à procurer à chaque colon la facilité de cultiver du froment, du seigle & de l'avoine. Les six prix destinés pour les cultivateurs qui se distingueront par leurs travaux, les obligeant de préférer les meilleures cultures, il est naturel de croire que les semences les plus estimées, seraient les seules employées dans la colonie. Après avoir réduit toutes les denrées produites par les landes de Bordeaux, à pourvoir suffisamment de leur espèce la vingt-septième partie de la Nation, il me reste à établir qu'il existe dans tout le royaume vingt-six fois autant de landes, soit par leur étendue, soit par leur qualité. Il est incontestable que la supériorité de toutes les autres landes demande beaucoup moins d'espace pour produire autant; mais en supposant que cet espace fût nécessaire pour fournir à la France ces trois denrées, il est même plus grand; en voici la preuve.

Il est à-peu-près reçu que la sixième partie du royaume est en friche. Cette sixième partie cultivée, donnerait un sixième d'impôt de plus. Les landes de Bordeaux ne donnant au Roi que trois millions d'impôt ; les autres, malgré leur ſupériorité, taxées faiblement ſur le même pied, verſeraient dans le tréſor trois fois vingt-ſix millions qui, faiſant avec les trois millions d'impôt des landes de Bordeaux, quatre-vingt-un millions, ne ſuppoſeraient que ſix fois la même ſomme dans le tréſor annuel de Sa Majeſté ; ce qui eſt très-inférieur à ſa valeur. Le Roi n'aurait ſur ce pied que quatre cent quatre-vingt-quatorze millions, tandis qu'il en poſsède plus de ſix cents. Il réſulte de cette vérité, qu'au lieu de quatre-vingt-un millions, toutes les terres en friche produiraient à Sa Majeſté plus de cent millions d'impôt. La plus mauvaiſe terre conſacrée à la culture du maïs & de la pomme de terre, étant au-deſſus, par ſes moiſſons, de la meilleure prairie ; il eſt impoſſible de trouver l'apprécie du produit de ce défrichement général exagérée. Cent millions d'impôt, ſuppoſent un million de cens, en ne l'eſtimant dans les meilleures landes qu'à deux ſols par arpent, comme à Bordeaux. Tels ſont les avantages innombrables que le Roi peut un jour partager avec ſes Sujets. Le ſeul encouragement pour les landes de Bordeaux, ſuffiſant pour toutes les autres parties de la France, le ſuccès de cette colonie rendrait les communes de chaque province précieuſes à tous ſes habitans. La prudence & l'autorité de MM. les Intendans & des Aſſemblées provinciales, ne ſerviraient tout au plus qu'aux conditions du cens, à raiſon de la valeur de chaque lande. Le Seigneur & ſes Vaſſaux convoiteraient dans chaque paroiſſe les terres en friche qui les avoiſineraient. L'exemple de la colonie, en conſommant ce grand ouvrage, ne laiſſerait que des regrets à ceux qui n'y pourraient participer. C'eſt ainſi qu'un ſeul effort du Gouvernement peut faire recouvrer à la France toutes ſes forces, en la rendant même plus puiſſante qu'elle ne le fut jamais dans le moment de ſa ſplendeur. Louis XIV enchaînait à ſon char toutes les couronnes du monde par la gloire des combats ; Louis XVI, en ſuivant les mouvemens de ſon humanité, peut un jour, par la ſource intariſſable de ſes richeſſes & la multiplication de ſes Sujets, fournir à l'univers le gage d'une paix univerſelle. Médiateur entre les puiſſances qui oſeraient y porter atteinte entr'elles, trop redoutable pour être jamais attaqué, trop aimé par toutes les nations qui chériſſent dans tous les Souverains leur amour pour leurs Sujets, pour ne pas au beſoin diſpoſer de leurs forces, la France un jour peut régner ſur le monde entier, ſans répandre des flots de ſang, mais en faiſant reſpecter le repos & la vie des humains. C'eſt alors que le commerce libre & ſans inquiétude, aſſurerait le bonheur & l'aiſance de toutes les contrées. Trois cent mille livres au plus, ſuffiraient à l'entrepriſe la plus glorieuſe pour la France & la plus impoſante pour forcer les autres Souverains, à reſſerrer de leur côté les liens d'une concorde univerſelle.... État d'union ſi fait pour les hommes, & le ſeul digne de leur création..... État que le tems rendrait plus parfait, à en juger même par celui où les hommes ſont parvenus. Après avoir développé le germe de la fécondité dans des terres en friche, en les deſtinant à l'engrais de tous les beſtiaux, il me reſte à établir que les prairies & herbages n'en deviendraient que plus précieuſes & plus riches. Je prouverai en même tems que leur uſage actuel ne convient point à la qualité de leurs productions. Ces deux objets rempliront l'article ſuivant.

La primeur des meilleures prairies & herbages, eſt maintenant réſervée pour l'engrais des bœufs & vaches: la ſeconde dépouille eſt pour les chevaux, moutons, cochons & geniſſes. Les regains d'Octobre après la récolte des foins, ſont arbitrairement deſtinés pour les bêtes que l'on engraiſſe, ou pour les vaches à lait. De cette multiplicité d'animaux à nourrir, réſulte l'impoſſibilité d'alimenter parfaitement chaque eſpèce.... De la préférence donnée aux bœufs, réſulte la médiocrité & le petit nombre des élèves..... De cette médiocrité, réſulte la néceſſité d'ignorer le degré de perfection dont un bœuf eſt ſuſceptible. Sevré dans ſon maigrage, arrêté dans ſon accroiſſement par une nourriture épargnée, on lui donne pour engrais ce qui ne convenait qu'à ſon éducation, & qui ne peut lui communiquer des ſucs auſſi précieux & ſalubres, que les farineux les plus délicats. Quelle comparaiſon établir entre la farine de la pomme de terre & les herbes nouvelles d'un pré?.... La plus riche verdure ne recèle que des ſucs éphémères propres à faire des élèves parfaits & bien en chair. Auſſi le bœuf qu'elle engraiſſe, ne peut ſouffrir la comparaiſon avec celui qui eſt engraiſſé avec la pomme de terre & le maïs:.... le premier préſente des graiſſes plus jaunes & plus flaſques, & des maigres ſans la moindre filandre de graiſſe; le ſecond offre tout le contraire. Cet extérieur prouverait la différence, si elle n'était physiquement sentie. Ce qui produit le laitage & le beurre, ne peut convenir à perfectionner des substances solides : .... ce qui fait un engrais parfait, ne peut convenir à des vaches à lait. Je suppose des vaches à lait que l'on mettrait à la nourriture des pommes de terre & du maïs, à la sortie du meilleur pâturage ; elles cesseraient en bref de donner du lait, & seraient en peu de tems engraissées. De deux alimens aussi opposés, l'un est nécessairement préférable à l'autre. Celui dont les parties sont trop précieuses, pour convenir à des productions liquides, justifie sa supériorité sur l'autre en fait d'engrais. Elle est encore prouvée par la pesanteur de l'animal qui présente sur pied le même volume. La richesse des prairies & herbages, ne dépend donc point de l'engrais des bœufs & des vaches. Les seules denrées qu'elles perfectionnent, doivent en faire le plus grand revenu. En effet, rien ne produit tant à l'herbageur qu'une vacherie ..... Que rendrait-elle, si les meilleurs pâturages lui étaient réservés?.... Elle mesure son produit avec celui des bœufs engraissés dans les meilleurs pâturages ; elle. le surpasse souvent!.... Ne doublerait-elle pas la fortune de l'herbageur dans la première pousse des herbes ? C'est-là qu'un taureau vigoureux deviendrait le sûr garant de la multiplication & de la perfection de l'espèce. La genisse, beaucoup plus forte que sa mère, fixerait les yeux satisfaits du propriétaire, & lui ferait chérir le nouvel usage de sa propriété. Mais il est des cantons, où les laitages & les beurres, ont peu de qualité, où la vache à lait est du plus mince produit, où le propriétaire n'en a que pour les premiers besoins de sa vie. Ces fonds peuvent servir à la fourniture des fourages, à la multiplication & perfection des chevaux, si dégénérés par les mauvais pâturages. L'herbe trop grasse ne convenant point aux vaches à lait, ne redoute point la dent des chevaux qui amaigrit le fonds.

Le

Le commerce de ces animaux, que la fortune de chaque particulier rend plus ou moins conséquent, deviendrait considérable par l'abondance que la culture verserait dans toute la France. La qualité des chevaux, ainsi que leur multiplication, empêcherait le Français de porter son numéraire en Angleterre, & quelquefois en Espagne & en Dannemark, pour s'en procurer de plus beaux & de plus parfaits. La Normandie, dont le haras est renommé, le disputerait à tous les pays. L'herbageur, jaloux de mériter la préférence sur l'étranger, n'aurait que des jumens d'élite. L'étalon, plus parfait & plus vigoureux, rendrait en six ans la France, le pays des plus beaux & des plus forts coursiers. Si les chevaux anglais de selle ont le mérite de la légéreté & de remporter le prix des courses, il serait facile d'en propager l'espèce en France, & d'ajouter à sa perfection. Le carossier Normand est aussi estimé que l'Espagnol. Il le serait bien davantage, quand la meilleure herbe ferait sa nourriture. Dans toutes les parties de la France, le pays d'herbage offrirait les premières reſſources. La plus belle vacherie deviendrait, par ſes élèves, l'eſpoir du colon, dont la culture tendrait à faire triompher l'herbageur de ſes ſoins. L'un & l'autre ne pouvant aſſurer leur fortune, qu'en travaillant pour leurs intérêts réciproques, cet accord néceſſaire maintiendrait dans toutes les entrepriſes agreſtes, cette noble émulation, qui ſeule en fixe la valeur. Les herbages les moins propres aux chevaux, ſeraient la pâture des vaches à lait, des geniſſes & des jeunes porcs, L'éducation des moutons, ſe ferait en partie comme aujourd'hui, ainſi que dans les prairies deſtinées aux chevaux. Le cheval laiſſe par place des touffes d'herbes qui ſe deſsèchent; le mouton broute tout ce qu'il trouve, & répand dans des terres trop graſſes des ſels chauds & vivifians, qui en font toute la qualité. L'herbe plate finit par devenir ronde, plus ferme & plus nourriſſante. Tous les jeunes bœufs, porcs & moutons, venant peupler les landes & communes, laisseraient aux herbageurs toutes les autres denrées, dont le produit immense les consolerait d'un partage qui ferait une partie de leur revenu. De cette combinaison de travaux raisonnée sur le genre du sol, naîtrait la supériorité de tous les produits de la France sur les autres nations. L'abondance des beurres, laitages, suifs, laines & cuirs, concourrait à la multiplication des comestibles & du vestiaire. La chandelle ne se vendrait pas dix-sept sols la livre, comme aujourd'hui. Sans apporter le moindre changement dans des terres maintenant cultivées, la multiplication du pain ferait le fruit de celle des viandes, dont la consommation à la portée du moindre artisan, du simple journalier, diminuerait celle du froment. Chaque habitant des landes y récolterait celui dont il aurait besoin, tandis que la meilleure culture introduite par-tout, doublerait les moissons de froment dans les champs, où le Laboureur, depuis long-tems, croit faire des miracles. Peut-être finirait-il par reconnaître l'abus d'enſemencer ſes petits grains, comme le ſarazin, l'orge, &c. & peut-être donnerait-il la préférence à la pomme de terre & au maïs ! C'eſt alors qu'en multipliant ſon froment dans la même étendue, ſes autres cultures concourant au même principe de fécondité que les landes, la France ſerait par néceſſité la mère nourrice des pays les moins fertiles. Elle conſerverait dans ſon ſein les comeſtibles les plus recherchés, qui deviendraient pour elle un aliment ordinaire, & qui feraient à jamais les délices des autres nations. Sans réduire la quantité des ſemences de froment, dont les pailles font les meilleurs fumiers, tous les beſtiaux ſeraient engraiſſés par d'autres farineux. La ſemence des ſeigles en petit, ſerait toujours néceſſaire pour fournir les liens indiſpenſables à la récolte du froment. Le ſeigle mêlangé avec le froment, procure un pain toujours frais que les habitans des champs aiment aſſez. Tel eſt le meilleur emploi de ce farineux, dont l'uſage, ſans celui de la paille, ſerait moins précieux & utile que tout autre. L'impoſſibilité de poſſéder par-tout des terres oppoſées les unes aux autres dans leur voiſinage, rend l'uſage des fumiers de première neceſſité dans certains pays. Ils peuvent généralement féconder toutes ſortes de terres, mais d'une manière bien inférieure à la réunion de deux terres oppoſées. Si elle était poſſible par-tout par la proximité, la paille de froment ne devrait ſervir qu'à la pâture des animaux. La fermentation qui réſulte de l'oppoſition des ſubſtances, juſtifie ce principe. Pluſieurs expériences m'ont convaincu de cette vérité. Avant de paſſer aux réflexions qui ſont la ſuite immédiate de la culture actuelle comparée à celle que je propoſe, je parlerai des améliorations des prairies & herbages, dont je n'ai préſenté que les produits. La richeſſe de la prairie ne dépend point de la quantité de ſes herbes, mais de leur nature. La meilleure eſt ronde, & ſouvent mêlée de trèfle rouge. Cette herbe ſuppoſe plus de ſels dans la terre que de parties graſſes. Le fumier du cheval, le parcage du mouton pendant l'hiver ou le tranſport de ſes fumiers, conviennent à toutes les prairies. Les autres ne font qu'en multiplier la moiſſon, en la privant de ſa qualité. La chaux eſt, de tous les engrais, celui qui en augmente davantage la valeur. Parmi les diverſes méthodes de l'employer, j'expliquerai deux manières uniques de la préparer avec ſuccès dans les terres à labour; mais il n'y en a qu'une pour les prairies & herbages: la voici.....

Le propriétaire qui a des foſſés ou des étangs à vider, peut tirer le plus grand parti de ces terres, quand elles ſont un peu ſéchées. Afin de rendre ce travail plus utile, on doit le faire à la fin de Février. Les premiers rayons du ſoleil pompent les parties trop humides de ces vidanges & les vivifient. Plus diſpoſées à ſe diviſer, le journalier peut en Mars les aſſembler en tombe faite en dos d'âne, en obſervant de rendre ſon ſommet très-pointu. Les côtés de la terre dans une parfaite inclinaiſon, en reçoivent avec plus de fruit les impreſſions du ſoleil. Les terres, dans cette poſition, ſont en état en huit jours de recevoir la chaux dans leur ſein : on ouvre le ſommet de la tombe, comme pour y planter du céleri. Alors on remplit ce rayon de pierres de chaux ſortant du fourneau, & l'on en proportionne la quantité à la maſſe des terres. Une ſeule pierre par place ſans interruption ſuffirait à une tombe de trois pieds de largeur dans ſa baſe, ſur cinq d'élévation. Telle doit être à peu près la conſtruction géométrique de la tombe propoſée. D'après cette règle, il eſt aiſé ſur un plus grand volume de terre, d'augmenter celui de la chaux proportionnellement. Le rayon doit être formé ſur l'heure, en donnant à la tombe ſa première forme. La moindre pluie ne permet point cet ouvrage. En quarante-huit heures au plus, la chaux doit être fuſée.

Mais comme il exiſte des terres qui la conſervent plus long-tems entière, on peut s'aſſurer du degré de fuſion en ouvrant le commencement du rayon. Quand on ne trouve plus que de petites pierres, il eſt tems de former une nouvelle tombe en mêlangeant la chaux avec la terre. On commence par l'une de ſes extrémités, ſans la changer de place. Si le propriétaire eſt tardif dans cette entrepriſe, & que les herbes commencent à pouſſer, il faut la voiturer ſur le champ de diſtance en diſtance comme des fumiers, & la répandre ſans délai. Le tems étant humide, il faudrait attendre qu'il fût plus favorable. Un cultivateur vigilant qui pourrait conſerver ſa tombe pendant quinze jours avant de la porter, qui n'aurait point à redouter les premiers efforts du printems ſur la verdure naiſſante, n'en ferait que mieux par les raiſons données de l'effet de l'aſtre du jour ſur les terres qu'il fertiliſe par ſon influence. Dans l'un & l'autre cas, il eſt bien certain de jouir du fruit de ſes peines,

& d'admirer en Mai les touffes d'herbes multipliées dans ſa prairie. Eût-elle été ſi oubliée, que la mouſſe aurait pris la place du gazon, la chaux détruirait cette mouſſe pour toujours, ainſi que les mauvaiſes herbes. La prairie deſtinée à produire des fourages, eſt avec cet engrais moins ſujette à la verſe. Chaque production ayant des rapports avec le genre d'amélioration qui en décide l'accroiſſement, le fumier multiplie des herbes graſſes & ſans conſiſtance, tandis que la chaux, par ſes parties vivifiantes, leur donne de la force & de la qualité. Auſſi ce fourage merite tellement la préférence ſur l'autre, que ſon uſage pour toutes ſortes d'animaux, les rend plus vigoureux que celui des autres foins venus à force de fumiers ou ſans engrais. L'avoine que l'on donne aux chevaux deux fois par jour en les nourriſſant avec des foins médiocres, ne peut leur faire le même bien, que la ſimple nourriture des foins les plus eſtimés. La conſommation d'avoine eſt très-conſidérable.

Les terres qui la produiſent, pourraient être plus richement enſemencées. Le tiers du terrein qui eſt employé à cette culture, pourrait raiſonnablement pourvoir aux beſoins de cette denrée. Les deux autres tiers feraient deſtinés aux ſemences du maïs & de la pomme de terre. Ajoutez à cet eſpace celui qui eſt ſacrifié à l'uſage des petits grains ; exceptez-en ſeulement un peu de terrein pour le ſeigle, & ſans diminuer l'étendue de la culture ordinaire du froment, enſemencez dans tout le reſte les farineux qui doivent engraiſſer les beſtiaux ; & ces moiſſons réunies à celles des landes & communes, finiront par exiger le commerce de leur ſuperflu avec l'étranger.... Époque floriſſante de la fortune nationale..... Époque glorieuſe pour un Souverain qui l'aurait fait naître par ſa générofité..... Époque dont la ſeule idée ſuffit pour faire le bonheur contemplatif de celui qui en préſente l'image..... Quand feras-tu la récompenſe de tous les cultivateurs occupés de t'offrir aux desirs de la France?... Ce sera quand toute la Nation ne présentera de terre en friche, que la terre du potier & celle où la pierre rend tout impossible.... Ce sera quand le plus malheureux des Français trouvera sa subsistance avec sa famille dans la multiplicité des denrées & des travaux.

La prairie destinée à la pâture des chevaux ou vaches à lait, ainsi que des élèves, étant améliorée comme je viens de l'expliquer, doit être conservée jusqu'à la mi-Mai, avant d'en commencer la dépouille. Alors les terres chaulées ont pris nature de fonds, & sont gazonées de manière à promettre des herbes, jusqu'à la fin de l'automne, si l'herbageur proportionne raisonnablement le nombre des animaux à l'étendue, suivant l'usage du pays qui est relatif à la valeur du fonds.

La préparation de la chaux est à la portée de tout le monde, puisqu'au défaut des vidanges ou des boues, il peut se servir de la propre terre de ſon champ, en évitant de choiſir des terres pierreuſes qui couvriraient une prairie de cailloux ; mais en préférant les terres mortes ou entières, dont le mêlange avec la chaux finit par ne préſenter qu'une poudre blanche ſi diviſée, que ſes parties ſolides ne ſont plus que des eſprits volatiles, qui aſſurent la fertilité de la prairie qui les reçoit.

Mais ſi le pays eſt ſans pierres pour faire la chaux, l'uſage des tangues, marnes, ou des cendres de couche ſans aucun mêlange de terre, eſt le meilleur engrais. Il eſt bien inférieur à celui des terres chaulées, & bien au-deſſus de tous les fumiers. L'ignorance des campagnes décide la plupart de ſes habitans à n'améliorer que les terres labourables. Il eſt rare d'y voir engraiſſer des prairies. On y calcule comme profit de poſſéder un bien qui produit toujours ſans main-d'œuvre & miſe d'engrais; & l'on ferme les yeux ſur ſon dépériſſement, ou ſur la médiocrité de ſa pouſſe. On ne ſait pas apprécier le réſultat des améliorations, qui, dès la première année, ſont acquittées par la valeur du meilleur pâturage qu'elles ont donné. C'eſt ainſi que la crainte de dépenſer pour cultiver, ruine celui qui ne tend qu'à l'économie..... C'eſt ainſi que le propriétaire le plus riche qui ne remédie pas à tant d'inaction par la force de l'exemple, ne doit point eſpérer de voir ſon fermier prendre le deſſus d'une mauvaiſe culture, à laquelle il tient par manie. Le Tréſor Royal en ſouffre, un Royaume puiſſant devient obéré, le Sujet crie contre les impôts; on emprunte pour acquitter la dette nationale; & quelque ſageſſe qui préſide à ces opérations, de nouvelles dettes prennent la place de la première, les embarras ſe multiplient & ſe multiplieront juſqu'au moment où l'on donnera de la valeur à tout ce qui n'en a point aſſez ou point du tout; juſqu'au moment où la plus grande production de la terre, fera connaître l'immenſe revenu du Souverain & de ses Sujets. Cette source est celle de toutes les fortunes; il est donc inutile de puiser ailleurs pour trouver ce qu'elle seule peut donner. Divine Agriculture!.... toi que les plus grands honneurs encouragent dans des pays moins instruits;.... à quoi sert la science, quand on ignore la tienne; quand on ne sait pas que tu multiplies l'or qui passe en améliorations, comme tu multiplie les semences?.... Moment heureux pour sortir de cet état d'inertie!.... Moment où le bien général fixe tous les regards!.... Jamais tu n'as donné plus d'espérances à la France!.... Animé par cette douce persuasion, passons aux dernières réflexions sur la chaux dans les terres cultivées.

Il y a bien de la différence entre les terres labourables, les prairies & herbages; ces derniers attendent toute leur vigueur de la chaux, tandis que la plupart des premieres deviendrait avec cette amélioration moins susceptible de culture. Les ſables brûlants ſont ceux auxquels elle ſe-rait plus nuiſible, tous les autres en ſouf-friraient auſſi. Les terres trop légères dont la couleur eſt ordinairement plus griſe que foncée, généralement toutes les terres trop pulvériſées, doivent être engraiſſées avec les contraires ; les cendres, tangues ou marnes, ne conviennent point à cette culture. Les détails ſur les landes de Bor-deaux, annoncent les améliorations qui peuvent fertiliſer des ſols de cette nature. J'y ajouterai la citation d'un engrais dont je n'ai pas encore parlé ; il ne doit être conſidéré fructueux que pour les ſables ſans cailloux, qui ſont moëleux au tact, rouges ou jaunes foncés, pour les terres trop légères & même pour les ſables brû-lants, quand ils ſont rafraichis par l'argile : c'eſt le ſimple tranſport des terres mortes ou entieres, dont le mélange avec un ſol trop tamiſé, fait un corps de terre parfait, cela ne coute que les frais de voiture ; il ne s'agit que de répandre une terre ſur l'autre. La fertilité ſera la ſuite de ce travail qui doit être fait avant le premier tour de charrue, afin que la mixtion des terres ſoit plus entière, & que leur fermentation les prépare au développement des ſemences qu'on doit leur confier. En ſuivant ces diverſes méthodes d'améliorer tous les ſables & les terres légères, les cultivateurs découvriraient une ſource de richeſſes ; les ſables ne produiſant rien, le Gouvernement peut apprécier cette perte réelle pour l'État ; il peut fixer ſes regards ſur la plaine des ſablons. Les papiers publics ajoutent à ce nouveau ſuccès de culture, l'intérêt de ſon amour dans les différentes parties de la France. M. l'Intendant de Paris ne ceſſe à cet égard de donner des preuves de ſon zèle & de ſon patriotiſme. Un Miniſtre qui préſide ſur tous les beſoins de la nation & ſes reſſources, & qui voit le bien en grand, ne ſe contentera point de celui que M. Parmantier ne pouvait faire qu'en petit ; un encouragement ſi médiocre en comparaiſon de ſes fruits, ne ſera point un obſtacle invincible au rétabliſſement

ment des Finances. Le Roi ne ſera point privé des aliments dont l'eſpèce a déjà fait les délices de ſa table en mil ſept cent quatre-vingt-deux.

Leur ſalubrité jointe au goût le plus recherché ; leur économie jointe à l'abondance qui en réſulterait pour toutes les autres denrées, fixeront la ſageſſe du Miniſtre & les intérêts d'un Monarque juſte & bienfaiſant.

Il eſt maintenant queſtion des terres labourables que la chaux doit fertiliſer ; elles ſont faciles à connaître par l'Explication de celles auxquelles cette amélioration eſt contraire ; elle convient ſans exception à toutes les autres. Heureux ſont les pays qui ne ſont point privés de ce premier principe de fécondité ; j'en donnerai la raiſon en prenant, pour exemple la Province de Bourgogne. Il eſt impoſſible ſans la chaux de diviſer les terres fortes qui forment la meilleure partie de ſon glêbe; mes obſervations à ce ſujet jointes à celles des abus que j'y ai remarqués, exigeront bien des détails.

On fait de la chaux en Bourgogne ſans en connaître l'utilité; elle y eſt jugée peu propre à fertiliſer la terre, ceux qui ſavent apprécier ſa valeur, n'en connaiſſent point la manutention. Il eſt rare dans une paroiſſe qu'il y en ait ailleurs que dans quelques jardins; un propriétaire au milieu d'une multitude qui ferait fâchée de l'imiter, engraiſſe un arpent de terre avec la chaux. Il ſe contente de répandre des pierres de chaux dans ſon champ, & de les laiſſer fuſer ſans les couvrir de terre. Un quart-d'heure de pluie, peut au moment qu'on s'y attend le moins, en faire du mortier. En ſuppoſant que le beau tems donne à ſes parties le tems de ſe réduire en poudre, l'évaporation en a diſſipé tous les ſels, & le laboureur ne poſsède tout-au-plus qu'une pouſſière dont chaque grain épuiſé, ne peut agir que ſur le peu de terre qu'il touche immédiatement. L'air & le ſoleil ont aimanté ce que la chaux a de vivifiant: ſon action n'a plus la force communicative; les terres ne ſont point électriſées par celles qui ſont mêlangées avec elle. La prodigalité de cet engrais ainſi préparé, ne peut valoir la moindre quantité dont le cultivateur ſait confier à la terre les prémices. L'uſage des tombes au-deſſus de tous les autres, eſt annoncé à l'article des prairies. Il en exiſte un autre qui ne peut avoir lieu que dans les terres à labour. Il préſente l'économie; mais produit moins que la diſtribution d'une tombe dont la maſſe des terres eſt vivifiée par l'action de la chaux, & ne fait plus qu'un corps avec elle. En effet, on voit la tombe ſe fendre quand la chaux commence ſa fuſion. Ses côtés comme ſon ſommet rendent au cultivateur un compte fidèle & intéreſſant de la fermentation qui agit en dedans. Elle eſt plus ſenſible quand on ouvre les terres, pour renouveller la tombe. On voit une partie de la chaux qui a quitté ſon lit, & qui a pénétré bien avant dans les terres ; d'où il faut conclure qu'une tombe donnant plus d'eſpace pour ce travail interne qui concentre les eſprits de la chaux, doit être préférée à toute autre manière de préparer cet engrais.

Le ſecond moyen eſt moins coûteux ; le voici. On diſtribue de place en place de la chaux dans un champ, au moment où elle ſort du fourneau. On met deux ou trois pierres enſemble ſuivant ſa groſſeur, de manière qu'une queue de chaux puiſſe ſuffire par arpent. On couvre auſſitôt ces pierres avec de la terre en forme de pain de ſucre très-pointu. Ce travail fait dans un tems favorable, le lendemain la chaux paraît ſur le ſommet; & ſi le cultivateur y ajoute de nouvelles terres, elle en prendra toujours le deſſus; mais à la ſeconde fois il eſt tems de la recouper, & de la répandre ſur l'heure au moment où le laboureur l'enſevelit avec ſa charrue.

Un ſi petit volume de terre ne fourniſſant point aſſez d'eſpace, n'a pu qu'en défendre l'évaporation & s'incorporer avec elle ; le reſte ſe paſſe dans le ſein de la terre. Telle eſt l'expérience que j'ai faite cette année dans la ſeigneurie de Saint-Leger près Dijon. Les effets en ont été très-ſenſibles, malgré que la terre fût ſi forte, qu'elle aurait exigé des maſſues pour l'écraſer. Le ſeigneur dont je partageais l'aimable ſolitude, a fait préſent de la chaux à ſon fermier, pour le forcer de juger de la valeur de cet engrais. Ce ſimple laboureur a remarqué avec plaiſir l'activité de cet engrais. Il en a témoigné ſa ſurpriſe & ſa joie à ſon maître, avec promeſſe de préférer cette amélioration, ſi les fruits ne trompent point ſon attente. Chaque monticule de terre eſt devenue ſi pulvériſée, que le moindre vent eût empêché de la répandre ſans perte. C'eſt ainſi que chaque ſeigneur pourrait éclairer ſon village, en augmentant ſa fortune & celle de ſes vaſſaux. Cette perfection de culture ne peut avoir lieu, ſans multiplier le revenu du Souverain. Triple avantage, qui commence par enrichir celui qui le procure, qui verſe le calme & l'aiſance ſur des malheureux, qui, ſans lui, auraient été forcés pour la plupart de renoncer à la culture, dont les produits bornés n'auraient pu ſuffire aux beſoins d'une nombreuſe lignée, qui eſt ordinairement le partage des pauvres laboureurs.... Triple avantage, qui rend ſon auteur ſi cher à ſon Souverain & à ſon pays. Le malheur eſt de n'y pas réfléchir; il eſt conſolant d'en offrir les réflexions au public. L'idée du bien eſt le premier pas qui conduit à ſon exécution, qui en fait preſſentir les conſéquences. Elles ſont de la plus grande importance pour la Bourgogne, où les principes connus dans les campagnes des autres provinces ſont ignorés; où celui qui uſe d'un peu de chaux, imagine qu'elle eſt auſſi bonne en poudre qu'en pierre: il l'achète fuſée dans le fourneau, & la répand dans ſon champ. Cet abus vient du peu de vente de cette denrée; il n'exifterait plus, fi le Bourguignon en faifait une forte confommation. C'eft alors qu'un fourneau ferait, comme en Normandie, deftiné avant d'être à fon degré de cuiffon. La pierre, encore fumante, eft dans cette province confiée à la terre qui doit s'enrichir de fes précieufes qualités. La Normandie ne doit fa fertilité & la facilité de fa culture, qu'aux heureux effets de cet engrais. Son fol, dans le principe, était tout au plus de la valeur que préfente maintenant celui de la Bourgogne. Voici fur quoi je fonde cette opinion. La meilleure terre en Normandie eft diftinguée par la production naturelle du tréfle rouge. Toutes les prairies ne le produifent pas. On en trouve peu dans le chaume des grains, à moins qu'on ne l'ait enfemencé. Il n'y a point de terre en Bourgogne, parmi les plus délaiffées, qui n'en foit couverte. Il faut en conclure que ce territoire immenfe récèle dans fon fein le germe de l'abondance, & qu'il ne s'agit que de le développer. Dire que toute la terre qui ne produit pas le trèfle rouge, ne peut être de la première qualité, ferait fronder l'expérience de bien des pays ; mais il est impossible que sa nature ne soit infiniment précieuse, quand cette plante est au nombre de son herbue. On objectera que la Bourgogne fournit depuis plusieurs siècles la preuve de sa médiocrité par les moissons, excepté celle des vignes ; on observera même que les vins de première qualité demandent des terres maigres ; on en dira bien plus des sables dont les fruits seraient les plus estimés, dont la primeur vaut mieux que la valeur annuelle des autres terres..... La réponse à tout cela ; c'est que la véritable amélioration n'est point mise en usage. Je vais le démontrer pour la Bourgogne. Après avoir prouvé que la chaux seule peut diviser la masse des terres de cette province, & les ameublir, il suffit de démontrer que les engrais usités, loin de contribuer à l'ameublissement de la terre, ne font qu'ajouter à sa compacité. Comment ſerait-il poſſible qu'elle fût féconde dans des mains auſſi ignorantes ?.... En quoi conſiſte cette ignorance ?.... Le voici.

L'habitude du commun parcours de tous les animaux, rend chaque particulier fidèle à jouir de ſon droit. Tout ſon bétail, ſes chevaux, porcs & moutons, ont la libre pâture des champs. Les conſerver dans l'étable deviendrait coûteux pour un Bourguignon qui peut les nourrir ſans bourſe déliée. C'eſt le patrimoine du peuple, qui y jouit du même avantage, ſans poſſéder un pied de fonds. Cet uſage dont l'humanité paraît être la ſource, eſt la ruine de la culture. Les pailles garniſſent les cours & entourent les maiſons des rentiers, en attendant que la pluie vienne les humecter, & finiſſe enfin par les pourrir. Ce fumier, qui n'eſt autre choſe que de la paille mouillée, ſans aucunes parties graſſes & onctueuſes, en ſéchant devient aride au point de paraître en partie plus propre à brûler, quand il eſt diſtribué ſur le champ dans lequel on eſt à la veille de le répandre. Les femmes ſont obligées, ſans aucun autre inſtrument que leurs mains, de diviſer ſes parties nattées & deſſéchées, tandis que le laboureur les coupe en meilleure partie avec le ſoc de ſa charrue, en travaillant à les enfouir. Quel ſuccès attendre d'un monceau de paille qui n'a point ſervi de litière aux animaux ?.... Si un particulier ſur vingt, a dans ſon étable un peu de fumier de cheval; c'eſt une exception ſi faible, qu'elle ne fait aucune ſenſation dans l'enſemble de cette province, dont chaque habitant viſe à tirer parti du vain pâturage, comme étant une portion eſſentielle de ſa propriété. Ou le fumier fait par l'abondance des pluies eſt ſec; ou il eſt humide, ſuivant le tems pendant lequel on le voiture, & celui qui a précédé ce travail. Dans le premier cas, la terre le reçoit ſans changer de nature :.... dans le ſecond cas, cet engrais mouillé ſans onction ne fait qu'aſſembler les terres au lieu de les ameublir. L'un & l'autre ſont en pure perte pour le cultivateur, qui n'a que des récoltes médiocres, qui croit encore les devoir à ſon fumier, tandis qu'il n'en eſt redevable qu'aux beſtiaux qui ont dépouillé le chaume des grains de la précédente moiſſon, & qu'au naturel d'un ſol qui renferme dans ſon ſein le principe de la fécondité. J'obſerverai auſſi que des fumiers de la première qualité, feraient moins à deſirer pour la Bourgogne, que l'abondance de la chaux. La facilité de la faire par-tout, offre par-tout le moyen de faire triompher la bonne culture. Il y a, ſans doute, des cantons où la terre eſt plus légère, où la chaux ſerait nuiſible. J'ai indiqué les améliorations qui conviennent aux terres légères. Que faut-il donc que le Bourguignon faſſe de ſes pailles? Cette province qui abonde en fourages très-médiocres, en prairies ſans qualité, peut, en faiſant ſervir la chaux aux terres fortes, faire parquer l'hiver ſes beſtiaux dans ſes prairies & herbages, y faire manger sa paille par des bœufs, vaches & moutons, doubler le produit de ses herbages, ainsi que leur valeur intrinsèque ; rendre leur pâture insensiblement propre à donner un peu de vigueur au haras, dont la Normandie serait le véritable centre. Dans le fort de l'hiver, quand les gelées ont tout détruit ; quand toutes les terres labourables, ainsi que les prairies, n'offrent aucune pâture, c'est alors que chaque particulier peut faire dépenser ses pailles dans ses herbages. S'il possède des terres à labour légères, il doit se procurer des fumiers en faisant établer ses bestiaux, ou faire parquer dans ce fonds comme dans la prairie. Voilà le moyen de rendre ses pailles utiles. L'usage de la chaux & l'emploi des pailles, réglé sur la nature de chaque canton de la Bourgogne, la rendraient tout aussi fertile que la Normandie, ses denrées toutes aussi parfaites ; & si dans les endroits où le vin est peu estimé, comme celui de Moutardou & beaucoup d'autres ; si, dis-je, le vigneron, dans ces contrées où le peu de qualité du vin fait desirer la quantité, mettait de la chaux pour en multiplier le raisin, je ne doute pas qu'au lieu de rendre avec son fumier le vin plus mauvais encore, la chaux ne donnât une vendange abondante en ajoutant à la qualité du vin. La vigne ne veut point de fumiers ; mais son fruit est comme tous les autres, & doit avoir des rapports avec l'amélioration qui le produit. La chaux ne répandant que des esprits dans la terre, ne lui donnant que de la légéreté, ajoutant à sa fertilité & qualité des espaliers quand on en chaule les bordures, doit faire le même effet sur la vigne. Une poire a plus de sucre, un raisin doit contenir une liqueur plus délicate. N'ayant à cette occasion que l'expérience des jardins, je ne peux qu'inviter les propriétaires des vignobles à faire cet essai, qui au moins est infiniment préférable à l'usage des fumiers. J'ai annoncé la chaux comme admirable pour les prairies ; mais la néceſſité de conſommer utilement des pailles en bénéficiant du libre parcours des beſtiaux, & la bonté particulière du parcage, m'ont fait entrer dans ces différens détails. L'envie d'être utile me fait offrir au public les réflexions qui me paraiſſent étayées de principes. Sans vouloir établir de comparaiſon entre la chaux & le fumier de Bourgogne, puiſque ce dernier eſt abſolument ſans valeur, il me reſte à prouver l'économie du premier. L'ignorance du laboureur & la force de l'habitude, rendent ſon fumier commerçable. Celui qui fume raiſonnablement un arpent, vendrait l'engrais qu'il y répand neuf livres. Une queue de chaux parfaite coûte ſept livres, & ſuffit à l'amélioration de cette étendue, ainſi que le conſtate l'eſſai fait dans la ſeigneurie de Saint-Léger. L'économie eſt déja bien ſenſible. Si la conſommation de cette denrée devenait plus forte, la multiplicité des fournaux finirait par diminuer ſon prix. Les propriétaires les plus riches en feraient pour leur uſage,

& profiteraient des bénéfices que doit faire le vendeur qui en fait ſon état. Les premiers laboureurs qui reconnaîtraient l'abus de leurs fumiers ou matras, les vendraient aux autres pour acheter de la chaux. Son introduction finiſſant par devenir générale, c'eſt alors que les avantages en grand ſe feraient ſentir, & que toute une province ſortie de la plus profonde ignorance, pourrait meſurer ſes revenus pied pour pied avec la Normandie, ſi j'en excepte les vignes qui paſſent pour rendre moins que bien des productions, à moins que la chaux ne puiſſe influer ſur la valeur des vignobles. Il eſt donc poſſible, ſans la ſuppreſſion du vain pâturage, de fertiliſer la Bourgogne; ce qui eſt d'autant plus à deſirer, que les pauvres de cette province, le peuple qui n'y poſsède pas un pouce de terre, jouirait d'un libre parcours qui lui rapporterait davantage, à raiſon de l'augmentation du fonds. Il eſt ſi heureux & ſi juſte, en remédiant aux beſoins de l'État, d'ajouter à l'aiſance des malheureux, de verſer le calme dans leur chaumière, de les éloigner pour toujours des fâcheuſes extrémités de la misère ; que toute ſpéculation dont les avantages ajoutent au fardeau de ces infortunés, doit eſpérer peu de ſuccès ſous le règne de la bienfaiſance.

Il y a, dans chaque province, des perſonnes qui pourraient ſervir à faire apprécier la meilleure culture. Quelques Normands, malgré les ſuccès de la chaux ſous leurs propres yeux, n'en font point uſage. Leurs voiſins, dans des terres ſemblables, ont des moiſſons beaucoup plus riches. Cette oppoſition ne ſert qu'à l'encouragement du bon cultivateur ; elle ne peut vaincre dans l'autre une manie, qui ſouvent eſt un défaut de l'organiſation.

Quelques Bourguignons ont de bons fumiers : leur récolte, bien ſupérieure à celle de leurs voiſins, ne peut balancer dans l'eſprit des derniers les avantages du libre parcours des troupeaux. Ils voudraient pouvoir s'en procurer de ſemblables

&

& jouir du pâturage commun : la néceſſité, ſuivant leur calcul d'opter, les réduit aux fumiers des cours. Mais le petit nombre des hommes qui fourniſſent ces exemples, ne pouvant faire un effet ſenſible ſur le gros de la nation, je ne les aî cités que par forme d'obſervation. Il en réſulte toujours la préférence d'une amélioration ſur une autre. Puiſſe la réunion de tous ces détails, fondés ſur des expériences & des principes dont j'évite de me départir, accélérer le bien général qui ſe fera d'abord ſentir par gradation, & dont les progrès doivent un jour rendre la France ſi floriſſante !....

L'analyſe & les motifs des différentes améliorations à raiſon de chaque ſol, n'ont point rempli l'objet que je me ſuis propoſé. Les changemens à faire ſur le mécaniſme du labourage & ſur la façon de cultiver & d'enſemencer, feraient une différence ſi grande dans les moiſſons, qu'ils ajoutent infiniment aux meilleurs engrais par la multiplication des produits. Le propriétaire ne considère dans ses champs que la richesse de leur étendue. Ses yeux satisfaits de tout ce qui est à leur portée, ne lui donnent que des idées superficielles de sa fortune. Ignorant ou incrédule sur tous les trésors que la nature dérobe à ses regards; tourmenté sans cesse par l'envie d'acquérir & de s'agrandir, il n'a que le bonheur de fatiguer le plus vigoureux coursier dans l'immensité de ses possessions. C'est ainsi qu'il s'exprime pour vanter son opulence. Mais il ne sçait pas jouir de tous ses biens. Accoutumé à ne voir que des productions ordinaires, des moissons souvent languissantes, & jamais comme elles pourraient être, il a raison de ne calculer ses produits que par l'espace qui les offre à sa vue. C'est ainsi que toujours enivré par une succession de plaisirs, qui finissent par endormir le riche, dont ils ont un moment fait les délices; c'est ainsi, dis-je, qu'il n'a jamais le tems d'approfondir. Celui qui le fait de nos jours, n'a point besoin d'être cité pour être connu. Ce serait ici le moment de céder au sentiment si naturel de la reconnaissance, en prononçant un nom que la vertu me rendra toujours cher. Dussé-je blesser la modestie de M. le Duc de Charost, je dois compte au public, pour le mérite de l'exemple, d'une protection que la seule envie de servir ma patrie, m'a méritée depuis bien des années. Les connaissances de ce Seigneur, Associé des Sociétés Royales d'Agriculture de Paris & de Laon, & le zèle qu'il montre à l'Assemblée provinciale du Berry, me rendent son suffrage aussi flatteur qu'utile. Je reviens à mes champs, dont je n'ai paru me séparer un instant, que pour engager le Lecteur à me suivre avec plus de plaisir dans les détails des articles intéressans qui me restent à traiter, & qui méritent une attention sérieuse. C'est le moment d'assurer le fruit de tant de travaux, le moment de donner aux semences plus ou moins de terre à pénétrer. Six ou sept pouces de terre suffisent au Laboureur actuel. Il évite de rendre sa culture plus profonde. Perſuadé que la terre ſerait détériorée, ſi les terres vierges qui n'ont jamais vu le jour venaient à couvrir ſon champ, il a ſoin de commander le ſoc de ſa charrue, en appuyant modérément ſur les bras qui en dirigent l'action. Moins de fumiers engraiſſent une plus grande étendue; ſes bœufs ou ſes chevaux n'ont qu'une demi-tâche à remplir. Ce Laboureur aveugle, ne voit pas qu'il réduit ſes eſpérances au tiers de ce qu'il pourrait moiſſonner. Il ne diſtingue pas les terres marneuſes ou de potier, des autres. Ces dernières, heureuſement en plus petit nombre, pourraient ſeules juſtifier ſa culture, ſi leur rencontre ſeule arrêtait le ſoc de la charue, & ſi toutes les terres vierges n'éprouvaient le même ſort. Mais ces dernières, qui forment la meilleure partie du glebe de la France, ſont, depuis bien des ſiècles, inutiles aux ſemences, & ne font que ſervir de limites à leur accroiſſement. Afin de rendre raiſon des conſéquences de cet abus, je vais oppoſer à cette méthode, celle qui devrait être ſuivie.

La première chose que l'on doit observer dans le travail des champs, c'est de leur confier un engrais durable, & de procurer au chevelu des semences, un peu de fraîcheur pour la facilité de son développement. Sept pouces de fouille ne peuvent donner à la terre ce double germe de fécondité. Le volume est trop mince. Il est épuisé par une seule récolte de froment. La seconde année la terre repose. La troisième il faut de nouveaux engrais. Dans une année de sécheresse, le Laboureur voit avec surprise la pousse de ses grains tardive & languissante. L'herbe de son froment ne couvre point ses guérêts de touffes verdoyantes & rembrunies. Il est consterné par la contrariété de la saison, qui seule lui paraît influer sur la médiocrité de sa moisson. Tout son espoir est dans la récolte qui doit, l'année suivante, le dédommager de ses pertes. Il ne conçoit pas qu'une culture plus profonde, épuisée dans sa surface par l'aridité du tems, & pulvérisée ensuite par le soleil, conſerve plus avant un principe de végétation, dans des terres fraîches & remuées, qui, décidant la vigueur de la plante, prennent le deſſus de la ſaiſon..... Il ne conçoit pas que ſept pouces de fouille ne peuvent contenir ce principe de vie de toutes les productions. Leurs racines trouvant trop de réſiſtance, ne peuvent s'étendre au-delà du terrein que leur a deſtiné le fer de la charrue. Arrivées à la terre vierge, elles languiſſent, ſe reploient ſur elles-mêmes, en attendant que la pluie leur donne ce qu'une culture avare leur a refuſé. Cette terre une fois humectée, la plante épuiſe la ſubſtance des terres qui la produiſent, & ne laiſſe après elle que des terres à renouveller. Si le froment ſouffre de cette culture, ce qui eſt démontré par le peu de terre auquel on en confie les ſemences; ſi un pied de fouille poſſede dans les cinq pouces qui excéderaient la profondeur de la culture reçue, deux fois plus de qualités précieuſes que les ſept pouces qui les couvriraient; ſi les chaleurs du ſoleil le plus brûlant en durciſſant la première terre, n'arrêtaient pas les efforts du froment, que la fraîcheur de ſon pied préſerverait des atteintes de la plus grande aridité ; ſi la multiplication de cette denrée en doublait au moins la moiſſon, le Laboureur qui n'aurait pas beſoin d'augmenter à proportion la quantité de ſes engrais, & qui, la première année, trouverait dans la terre vierge des ſels pleins de vigueur, commencerait par s'enrichir, en ſe procurant des pailles plus abondantes pour l'augmentation de ſes fumiers indiſpenſables dans la terre légère. La chaux viendrait à ſon ſecours pour l'ameubliſſement des terres fortes : les améliorations ne feraient jamais un obſtacle à ſes travaux. Un revenu deux fois plus conſidérable qui ne ſerait point ſujet aux revers de la ſaiſon, ſi j'en excepte les grêles ou le feu du ciel que rien ne peut empêcher ; un fonds, dont la valeur intrinsèque augmenterait de beaucoup le denier pour l'étranger qui viendrait acquérir en France ;

un Laboureur qui pourrait a-peu-près compter sur le fruit de ses veilles pour secourir sa nombreuse famille, payer son maître & les impôts ; tant d'avantages réunis sont inséparables du choix de cette culture. La première année lui donnerait plus de peine, mais n'exigerait que les engrais ordinaires. Il en resulterait d'abord la nécessité d'atteler un bœuf ou un cheval de plus à la charrue, d'en diriger le soc plus avant, de le faire faire un peu plus long, pour rendre cette fouille possible. La seconde année, le bœuf ou le cheval que l'on aurait ajouté à l'attelage l'année précédente, deviendrait inutile. Les terres remuées conservant plus de fraîcheur à raison de leur profondeur, n'opposeraient aucune résistance. Le premier effort des chevaux pour faire entrer le fer dans six ou sept pouces de terre desséchée & durcie suffirait; le reste deviendrait l'ouvrage de la volonté du Laboureur, à raison de la première fouille qui ne peut jamais être trop profonde, quand on ne rencontre ni des terres marneuſes, ni des terres de potier. En conſidérant que plus la maſſe des terres remuées eſt profonde, plus elle eſt fertile & difficile à épuiſer, il n'y aurait que l'impoſſibilité de pénétrer auſſi avant dans le ſein de la terre, qui pourrait en faire rejetter la méthode. L'expérience que j'en ai fait, ainſi que je l'annonce, & l'aveu de tous les Laboureurs qui conviennent eux-mêmes qu'ils évitent de cultiver trop avant, ſe réuniſſent pour en établir la poſſibilité. J'ai dit que la terre vierge peut donner une riche moiſſon ſans augmentation d'engrais;.... elle en donnerait même deux ou trois; mais il eſt bien ſage de ne point être ſi prodigue de ſa primeur, & de la ménager dès la ſeconde récolte par une amélioration plus conſidérable. Enſuite les engrais ordinaires ſuffiraient. Il ne ſerait queſtion que d'entretenir ſa fertilité. Ce principe poſé pour multiplier le froment, l'avoine & le ſeigle, il eſt bien plus concluant pour faire abonder la terre en pomme de terre & maïs. Cette preuve & ses détails sont importans pour la colonie. Commençons par la pomme de terre.

Il est reçu de labourer trois fois un champ avant de l'ensemencer. Les deux premiers labours très-profonds, le dernier que l'on fait au commencement de Mai, ne doit ouvrir qu'un rayon de quatre pouces de profondeur pour recevoir la pomme de terre. C'est alors que le Laboureur ne fait que soutenir sa charrue, & donner au chevelu de la pomme plus d'espace en-dessous pour son développement. Il commence par s'étendre dans les parties les plus fraîches de la terre, & le plus petit de ses filets portant une pomme à son extrémité, douze pouces de terre à pénétrer, produisent en raison de leur volume. Un enfant suffit pour semer. Le Laboureur le surveille d'abord, & le met en état de faire l'ouvrage d'un homme, qui consiste à suivre la charrue & à placer de pied en pied dans le rayon la pomme de terre. Un bon cultivateur préfere pour les semailles les plus petites pommes grises & rondes. Leur espèce, plus farineuse, est préférable à toute autre. Il doit observer de donner aux rayons à-peu-près un pied d'intervalle. L'usage de partager les pommes pour les semer, fait un tort infini dans les moissons. La raison en est sensible. Sans parler ici de mes épreuves, je me contenterai de recueillir dans les Affiches de Caen, basse Normandie, en date du 16 Décembre 1787, l'article suivant.

ÉCONOMIE.

» Un Cultivateur vient de faire une
» expérience sur les pommes de terre qui
» mérite d'être connue. Il en a planté une
» sans la couper, & une autre à quelque
» distance de la première, coupée en mor-
» ceaux, selon la méthode usitée. La pre-
» mière en a produit deux cent dix-sept,
» dont cinquante fort grosses, & les autres

» d'une grosseur médiocre. Celle qui a été
» coupée, n'en a produit que cent vingt
» qui sont beaucoup plus petites que les
» premières. «

Convaincu de cette vérité par la pratique & la théorie, il est utile d'en développer les causes. Dans le moment où la pomme est ensemencée, sa farine est tout en germe. Ce germe, dont la force & la vigueur consistent dans la réunion de ses parties, devient languissant par leur séparation. La pomme entière, dans un seul pied d'espace, produisant deux fois la quantité des fruits de la pomme partagée, à cause de la médiocrité des dernières, la différence est facile à calculer. La pomme partagée donne au moins trois morceaux. Ils occupent trois fois autant de terre que la pomme entière qui a rendu le double dans un pied d'espace. Sa moisson est six fois plus considérable. Chaque pied, plus vigoureux, porte des fruits plus précieux. Tant de motifs doivent inviter tous ceux qui cultivent ces farineux, à devenir six fois plus riches, & à confier à la terre les pommes les plus grosses sans les partager quand les petites manquent. Cette disette n'arrivera jamais, si l'on a soin de rebuter les petites, & d'en faire un monceau particulier, à mesure que l'on prendra à la masse pour l'engrais des animaux.

Ce travail fait dans les premiers jours de Mai, la pomme de terre couvre en six semaines le champ de ses feuilles. La multiplication de ses files jusqu'à l'extrémité de la fouille, est complète au commencement de Juillet. C'est alors que le chevelu cherchant à serpenter vers le sommet de la terre, la séparation des rayons doit servir à faire à la fin de Juillet au pied de cette plante, ce que l'on fait au pied du céleri. Les terres inclinées contre sa tige ouvriront un passage aux rayons du soleil, qui se joignant à la fertilité qui résulte de travailler la terre, en développera tous les ſels. Les fruits ſe multipliant en haut comme en bas, le produit qui réſulterait des ſoins de cette culture, finirait par en rendre le cultivateur prodigue, pour augmenter ſa moiſſon. Le commencement d'Octobre eſt le moment de la récolte. Chaque rayon offre les moyens avec des trubles ou bêches, de pénétrer juſqu'à l'extrémité de chaque pied, & d'enlever ſes fruits ſans les endommager avec le fer. Il n'y a point de moiſſon qui ſoit plus facile à mettre à l'abri des rigueurs de l'hiver dans un petit eſpace. Un appartement quelconque, pour peu qu'il ne ſoit point humide, eſt propre à reſſerrer ces fruits. Quand ils ſont amoncelés, on les couvre de paille ou de glû, pour les garantir des premières gelées. Avant de détailler leur préparation pour les animaux, je paſſe aux ſemences du maïs.

Le maïs jaune eſt préférable à tout autre. Il doit être enſemencé comme la pomme de terre, & regarni de terre dans ſon accroiſſement. Ce dernier travail communiquant de nouveaux ſucs au tuyau, enfante de nouvelles grappes, en donnant plus de vigueur à celles qui paraiſſent. On en fait la moiſſon à la Saint Denis, en arrachant ſeulement les grappes que l'on dépouille de leur enveloppe. Le maïs ne doit être en monceau que quand ſa maturité & ſa ſéchereſſe ſont à toute épreuve. On peut l'aſſembler par glanes & le ſuſpendre ; on eſt aſſuré de le conſerver toute l'année ſans perte. Ceci paraît demander des ſoins ; mais on a l'avantage dans un petit appartement d'y loger une récolte abondante, au moyen d'une pyramide de planches, garnies de cloux ou de chevilles. A meſure des beſoins de ſa conſommation, on pourrait le battre comme tout autre grain ; mais les longues veillées de l'hiver peuvent auſſi ſervir à ce travail, qui peut être en partie l'amuſement des enfans aſſez forts pour l'égréner. Il eſt plus long, ſans doute, qu'avec le fléau ; mais il eſt tant de ſoirées oiſives, que cette occupation devient ſouvent utile & économique.

La pomme de terre & le maïs ainſi récoltés, le premier champ doit être abandonné à la pâture des porcs qui viennent fouiller la terre & manger les pommes que le moiſſonneur n'a point découvert. Le ſecond champ doit être réſervé pour des moutons ou vaches à lait après la première gelée. Le tuyau du maïs eſt pour-lors dans ſa priſe, & fait une nourriture précieuſe pour la qualité du lait, ou pour commencer l'engrais du mouton. Il eſt plein de ſucre & de parties laiteuſes. Il faut bien éviter de le convertir en fumiers ou de le brûler, comme bien des cultivateurs le font par ignorance.

C'eſt ici que l'engrais des animaux commence : il eſt ſimple dans ſa préparation, & fondé ſur l'expérience. On remplit un baquet de pommes de terre & d'eau pour les laver. Enſuite on les met avec de l'eau propre

propre dans un grand vaſe ſur le feu pour les faire crever ; ce qui demande peu de tems. Les pommes ainſi préparées le ſoir, ſont mêlangées le lendemain avec un tiers de maïs, & ſont portées dans l'auge ou le baquet des bœufs. Le maïs, dans un vaſe quelconque, doit le remplir à moitié ; on verſe deſſus de l'eau bouillante, de manière qu'il puiſſe tremper, en obſervant de le couvrir afin d'empêcher l'évaporation que ſa fermentation excite. Le lendemain, la groſſeur de ſon grain a tellement augmenté, que le vaſe eſt plein. Il faut alors le mêlanger avec la pomme de terre. Le bœuf, la première fois, héſite à prendre cet aliment. Un peu de farine de maïs, répandu ſur la nourriture, l'invite à la dépenſer. Mais quand on veut le déterminer plus vîte, on fait une rôtie de gros pain imbibée de vinaigre ou de poiret & même de cidre : on la place dans les alimens tant ſoit peu couverte de farineux. Son odeur invite l'animal à manger. Ceci fait une fois ſuffit pour toujours.

Le grain du maïs, répandu dans la purée de la pomme, en varie le goût, & communique des sucs infiniment précieux. Un autre baquet ou cuvier à portée des bœufs, doit être renouvellé d'eau tous les jours. On la blanchit avec la farine du maïs; & s'il en reste dans le baquet du jour précédent, elle doit être versée dans les alimens. La grande fraîcheur de la boisson est essentielle pour cet animal. En six semaines ou deux mois au plus, le bœuf le plus fort est chargé de graisse. Les deux bœufs offerts au Roi en 1782, n'ont été que cinquante jours à l'engrais. Un plus grand nombre y serait moins long-tems encore. Cet animal se déplaît seul, & dissipe par l'ennui partie de ses sucs. Satisfait d'être entouré de ses semblables, prêt à leur disputer sa part des prochains alimens, excité par leur exemple; tous les farineux qu'il mange lui profitent. Le rapport des animaux avec l'homme pour le comestible, rend cette vérité démontrée. Cette observation prouve qu'en mettant au plus deux mois pour engraisser deux bœufs, je ménage à chaque cultivateur le plaisir & le profit de la surprise. Afin de resserrer mes idées, j'arrive tout d'un coup à la propriété de chaque colon, à la distribution de sa culture, à l'usage de chacune de ses productions, à la manière simple de conserver toute l'année la pomme de terre en fruit, malgré la contrariété du printems.

Chaque colon arrive à son établissement. Sa propriété de cinquante arpens, lui offre sept arpens de pommes de terre, sept arpens de maïs, sept arpens de froment, un arpent d'avoine, un arpent de seigle ensemencés. Il voit à peu de distance de sa chaumière, près de son jardin potager, une plantation en tablette de quatre arpens de bois de saule & autre, dont l'accroissement rapide va suffire au besoin de sa consommation. Quelques plantations de haute futaie, le long de ses fossés, lui promettent un jour les bois indispensables à la bâtiſſe, dont l'augmentation lui paraît inévitable. Ravi de voir ſes beſoins couverts, heureux par l'eſpoir de ſes moiſſons, animé par la reconnaiſſance du bienfait de ſon maître qui ſe joint à ſon intérêt perſonnel ; je crois le voir avec ſa femme & ſes enfans, voler à ſon couple ruminant qu'il trouve dans ſon étable, l'atteler à ſa charrue, commencer par labourer les ſept arpens qui ont produit le maïs l'année précédente ; y deſtiner la ſemence de ſon froment, paſſer enſuite aux deux arpens d'avoine & de ſeigle ; projetter dans chacun l'échange de chaque ſemence, échanger également les ſemailles de maïs & de pommes de terre ; la premiere, dans le champ de la pomme de terre ; la ſeconde, dans le champ du froment. C'eſt ainſi que renouvellant la terre par un an de repos, & lui confiant de nouvelles ſemences, elle ne ſe rebute point par la ſucceſſion des mêmes fruits ; c'eſt ainſi que, raiſonnant cet échange de productions ſur la qualité de chacune, le laboureur apprend à cultiver par principes, & à jouir doublement du fruit de ses veilles. Avant d'apprécier le revenu de chaque colon, il s'agit d'expliquer les motifs de sa culture. Le pied du maïs détruisant les mauvaises herbes, doit être remplacé par le froment. Rien ne faisant plus de tort à ce farineux que le rebut des productions de la terre, le premier semble assurer la fécondité du second. La pomme de terre, à laquelle on fait succéder le maïs, assure une fouille très-profonde qui a été renouvellée par le muselage des porcs, en tournant le champ pour dévorer le reste des pommes. La racine du maïs aimant à s'étendre, doit en assurer la fécondité dans une terre aussi remuée que profonde. La pomme de terre ayant besoin pour le développement de ses fils, & la nutrition de tous ses fruits dans le sein de la terre, de celle qui est la moins épuisée, doit être ensemencée dans le champ du froment. En ce qui touche l'avoine & le seigle, la ressemblance des semences n'a que le mérite de l'échange; ce qui eſt de principe en culture.

Le colon prenant poſſeſſion de ſa propriété dans laquelle il trouve les choſes indiſpenſables pour la culture, les premiers comeſtibles & deux bœufs, a l'eſpoir d'une riche moiſſon. Il faut analyſer ſa valeur. Sept arpens de froment doivent rendre quatorze ou quinze cents gerbes, à quatorze gerbes la meſure ou le boiſſeau du poids de cinquante livres. L'avoine & le ſeigle, à proportion de l'étendue, donneraient environ quatre cents gerbes. Les quatorze arpens de pommes de terre & de maïs rendraient enſemble aux environs de quatorze cents ſeptiers. Six perſonnes, y compris les enfans du colon, mangeraient douze livres de pain par jour, trois cent ſoixante livres par mois, quatre mille trois cent vingt livres par an, qui font quatre-vingt ſix meſures du poids de cinquante livres, & vingt livres de plus. En ſuppoſant que chaque feu fût plus nombreux, ajoutant à ce calcul les bleds de ſemence, réduiſant les quinze cents gerbes à douze cents, portant les comeſtibles & les ſemailles à cent cinquante meſures au lieu de quatre-vingt-ſix, lé colon vendrait cent cinquante meſures, ſes beſoins prélevés, qui lui ſerviraient à l'acquiſition de deux bœufs maigres & d'une vache qui trouverait ſa nourriture dans ſa faiſance valoir. Il lui reſterait ſon avoine & ſon ſeigle. Les pailles de l'avoine alimenteraient ſa vache pendant l'hyver ; le glû de ſon froment, couvrirait ſa chaumière; le glû de ſon ſeigle, ſervirait à l'uſage des liens. Cette évaluation très-faible, ne préſente point le véritable produit. L'avoine & le ſeigle, conſacrés à l'acquiſition de quelques moutons & porcs, le colon en état de tirer parti de ſa propriété, ſerait néceſſairement plus riche que je ne le fais paraître. Mais la modicité de l'apprécie, ſans diminuer la fortune, invite à la confiance. Mon but eſt de convaincre le Public.

L'article de l'engrais des animaux demande bien des détails. Chaque colon récolterait dans l'étendue de quatorze arpens de pommes de terre & de maïs, l'engrais de quinze bœufs, quatre cochons & vingt-huit moutons. Propriétaire de quatre bœufs dont les plus faibles ferviraient aux labours, les deux autres pafferaient à l'engrais. Les deniers de leur vente en deux mois de tems, employés à l'acquifition des bœufs maigres, il pourrait en engraiffer trois ou quatre les deux mois fuivans, & ainfi par augmentation à raifon de fes facultés, ou de la diftribution égale de fes fruits pendant l'année. Telle eft la gradation & la jouiffance de la culture, qui paye au centuple tous les foins qu'on lui donne. Le moyen de conferver la pomme de terre toute l'année, fans la rendre plus coûteufe, ne laiffera plus rien à defirer fur cette importante matière.

La pomme de terre en monceau, couverte de paille dans un lieu fec, eft à l'abri des gelées. Mais il faut la préserver des premiers efforts du printems sur toutes les plantes, en détruisant le germe qui la réduit en Mars à la simple utilité des semences. Il ne faut point attendre ce mois pour assurer sa conservation. La réduire en farine, est une dépense très-inutile. Il n'y a point d'habitant des champs qui n'ait un four pour cuire son pain. C'est à la fin de cette cuisson, que, renouvellant la chaleur du four avec un couple de bourées ou de petits fagots, le cultivateur doit l'emplir de pommes de terre bien lavées, & les laisser une heure, en observant de fermer l'entrée de son four. Il fera bien dans la même journée, de faire succéder plusieurs fournées les unes aux autres. Ces pommes à-peu-près cuites, doivent être déposées sur une aire bien propre, entourée de planches, garnie de paille & recouverte de même. La provision de sept mois préparée de cette manière, ne contenant plus de principes de végétation, ayant passé par le feu qui purifie tout, conſervera ſes précieuſes farines. Cette précaution exige par prudence la fin de cette préparation en Février. Ces pommes, pour ainſi dire, en farine, ne demanderont plus que de l'eau tiède pour tremper & ſe mêlanger avec le maïs. Les autres qui ſe conſommeront pendant les cinq premiers mois, exigeant plus de feu pour les crever, coûteront autant que les dernières. L'économie & la richeſſe des premières étant conſtatées, annoncent tout le prix des dernières, qui en auront d'autant plus, que perſonne n'a encore trouvé le moyen de les garder que par leur converſion en farine ou fécule de trente ſols la livre.

L'engrais du porc ne doit point être auſſi ſoigné que celui des bœufs. On pourrait l'engraiſſer avec la pomme de terre ſans apprêt; mais comme il ne faut point oublier tout ce qui eſt économique, en ajoutant à la perfection de ſon lard, la pomme lavée doit être miſe à crever ſur le feu avec les eaux les plus graſſes de la cuisine. Le maïs, mêlangé avec cet aliment, engraisse un porc en peu de tems.

Le mouton est le plus difficile à engraisser. Après avoir brouté le pied du maïs & le chaume des grains, on lui donnera dans une auge le maïs en grain sans apprêt. Les pailles d'avoine & autres si l'hiver est trop rude, suppléront au pâturage que les champs fourniraient dans une saison moins rigoureuse. Un simple appentis dans le milieu d'un champ montueux, sous lequel on place une auge remplie de maïs deux fois par jour, suffit pour l'entreprise. Il n'y a point de mouton aussi délicat que ce dernier, qui réunit au goût le plus recherché, plus de pesanteur que ceux qui présentent sur pied le même volume.

L'engrais de la brebis est nécessairement le même. Les agneaux dont le sevrage est devenu forcé par les accidens de leur mère, au lieu d'être mis au lait de vache, peuvent être continués avec l'eau blanche du maïs un peu épaisse. Elle les rend infiniment délicats. Il en est de même des veaux & des jeunes porcs.

Sans avoir fait cette expérience sur un poulain, je crois néanmoins que celui qui serait privé de sa mère quand il ne peut encore se passer de son lait, trouverait, à plus forte raison que l'agneau, dans l'eau blanche du maïs, les premiers alimens de son âge. C'est beaucoup, sans doute, d'imiter la nature & de remédier à la perte des élèves trop faibles encore pour survivre à leur mère.

Chaque colon pourrait avoir beaucoup de volaille, dont la ressource est si précieuse dans les campagnes. Le maïs en grain sans apprêt, est le grain qu'elle préfere. Il est très possible de l'engraisser parfaitement en cage, avec l'aliment des bœufs, ou simplement avec le maïs crevé. L'un ou l'autre, comme leur mélange, perfectionnent cet engrais.

Sans avoir rien oublié de ce qui touche les intérêts de la colonie ; ſans avoir exagéré ſes revenus qui tous ſont au-deſſous de leur valeur, j'ai le bonheur de mettre ſous les yeux du Public un tableau bien intéreſſant. Utile à tous les propriétaires, celui qui pourrait rejetter l'idée du gros de la colonie, trouverait, malgré la prévention, le moyen d'innover dans ſa propriété, le moyen de perfectionner ſa culture, celui d'ajouter à ſa fortune. Satisfait d'une occupation qui me donne l'aſſurance de contribuer un jour à la multiplication de toutes les denrées comme à leur perfection, ma jouiſſance commence avant celle du Public. Trop heureux ſi tous les objets d'utilité que renferme cet Ouvrage, fixent l'attention de ceux qui peuvent concourir au bien général! Le défrichement & la fécondité des terres vagues, faiſant la baſe de ce Traité d'Agriculture, il ſera plus ou moins eſtimé. Il eſt ſi flatteur d'écrire ſans préſenter une ſpéculation qui aſſure la ruine de quelques individus, que la certitude d'offrir à chacun des avantages qu'il pourra se procurer ;.... de lui offrir enfin une vie plus douce & plus aisée qui ne peut qu'influer sur tout un royaume, puisqu'elle devient le patrimoine de tous ses habitans, me fait compter sur l'indulgence des Lecteurs. Il est moins intéressant de parsemer ces détails des fleurs du style, que de les offrir avec empressement & confiance à la Nation.

Quand l'économie d'un million & de beaucoup moins, fixe la sagesse du Ministère & les bontés du Monarque ; que ne doit pas espérer celui qui présente au Gouvernement la facilité d'augmenter, au prix le plus modique, le trésor de Sa Majesté d'un million annuel de cens?.... Que ne doit pas en attendre celui qui puise ce million dans toutes les terres en friche par les ressources de la culture?... Mais ce qui donne à ce million cent fois plus de prix, c'est la nécessité de réunir à ſa valeur, après quinze ans de culture, cent millions d'impôts :.... néceſſité qui fera le bonheur & l'aſſurance de celui qui ſe ſera fait une propriété, en payant moitié moins d'impôts que les autres Sujets, à raiſon de la perception la plus ordinaire par tout le royaume :.... néceſſité qui préſentant dans le ſeul eſpace des landes de Bordeaux, les beſoins de la colonie prélevés, cent cinquante boiſſeaux de froment par feu, fait monter le ſuperflu de cette peuplade, à quatre millions cinq cent mille boiſſeaux. Il réſulte de ce ſuperflu, que celui des vingt-ſix autres portions des landes, eſt de cent quinze millions de boiſſeaux, qui, réunis à ceux des communes de Bordeaux, font cent dix-neuf millions cinq cent mille boiſſeaux de froment. En ne portant ſur les ſix autres parties du royaume qu'un ſixième d'augmentation, ce qui eſt très-inférieur à la poſſibilité de la meilleure culture, cette ſixième partie fixant le calcul productif de la totalité des landes, donnerait avec elles, deux cent trente-neuf millions de boiſſeaux de blé du poids de cinquante livres, à exporter à l'étranger. Le prix de cette denrée faiſant la fortune de ceux qui en font des embarquemens, eſt beaucoup plus cher qu'en France. Mais en ne le mettant qu'au prix courant de la Nation, à raiſon de quatre livres le boiſſeau; deux cent trente-neuf millions de boiſſeaux, donneraient un numéraire de neuf cent cinquante-ſix millions. Cette ſomme étant bien au-deſſus de la valeur de tout ce que nous tirons de l'étranger, en faut-il davantage pour prouver que la maiſon de Bourbon peut un jour contenir toutes les puiſſances?.... L'engrais de tous les animaux faiſant l'objet le plus conſéquent de cette économie, je laiſſe à tout homme inſtruit, à celui qui connaît les prodiges de la bonne culture, & qui juge ſainement ſon imperfection actuelle, le ſoin de nombrer tous les produits de cette fortune nationale..... Je laiſſe à juger combien chaque Français, devenu ſi riche par la protection

protection généreuse de son Monarque, aurait d'or à son service dans tous les événemens, où la gloire du royaume pourrait l'exiger. Tout ceci ne coûterait au Souverain que trois cent mille livres au plus; problême au-dessus des lumières de l'homme qui ne peut pas concevoir, que la terre enfante toutes les richesses ;.... qu'un seul pied bien cultivé multiplierait sans peine, ce qu'elle donne maintenant à regret dans un plus grand espace !....

Afin d'arriver à cet état de perfection de tous les biens, il faut épuiser la matière. Elle me présente une dernière réflexion dont les conséquences seront senties par tous les propriétaires. La voici.

La propriété de chaque colon, limitée à cinquante arpens, suffit aux besoins de toute une famille, enrichit la nation de son superflu. Ce superflu, fruit de la meilleure culture, n'existe point dans le royaume à proportion de son étendue. La dixième partie des habitans des champs, s'élève ſur la ruine des autres. Une ferme de cinq cents arpens dans la jouiſſance d'un ſeul homme, fait de neuf familles qui l'entourent & qui pourraient la partager avec lui, autant d'eſclaves & de malheureux journaliers. Le propriétaire réduit ſon revenu par une location auſſi grande. Le fermier, devenu puiſſant parmi ſes égaux, abuſe ſouvent de ſa meilleure fortune, vexe facilement ceux que l'injuſtice des partages met à ſa diſcrétion. En général, elle détruit l'égalité, & aſſure le bonheur d'un ſeul homme aux dépens de dix, en y comprenant le propriétaire. Ce cultivateur privilégié, qui a cinq cents arpens de terre labourable à cultiver, eſt obligé de hâter ſes labours, de s'occuper de l'enſemble de ſon entrepriſe, & d'améliorer ſuperficiellement. Ne pouvant ſurveiller tous ceux qui le ſervent, ſes travaux languiſſent, le tems des ſemences arrive, leur quantité rend tous les momens précieux, oblige ſouvent d'en confier à la terre la meilleure partie dans une ſaiſon contraire. Le moment de la moiſſon arrive;.... elle eſt heureuſe pendant quelques jours. Mais bientôt interrompue par l'abondance des pluies, ce cultivateur la voit dépérir dans ſon champ. Elle eſt trop conſidérable pour qu'il puiſſe, au premier moment de beau tems, la récolter en entier. Ajoutez à cette perte réelle, le pillage inévitable dans un eſpace ſi vaſte, que l'œil du maître ne peut être par-tout.... Ajoutez ſans crainte que rien n'eſt fait comme il devrait l'être..... Ajoutez encore, que l'idée d'un travail qui eſt urgent, & qui ne peut que ſuccéder à celui dont on eſt occupé, aſſure l'imperfection du premier. Ce n'eſt pas tout:.... la misère afflige neuf chaumières, en diſperſe ſouvent les pauvres habitans, multiplie le nombre des vagabonds que le déſeſpoir égare, & porte ainſi la plus grande atteinte à la population. Le nombre des bras diminue, la terre eſt plus mal ſoignée, la rareté comme l'imperfection des denrées, deviennent un malheur public. Cinquante arpens de terre labourable peuvent occuper toute l'année un laboureur avec cinq ou six personnes sous ses yeux ou ceux de son épouse. La nécessité reconnue dans cet espace de tout perfectionner pour ne point être oisif, la facilité d'ensemencer & de moissonner en peu de momens, & d'éviter les tems contraires ; les mœurs tranquilles & paisibles d'une famille qui n'a que l'honnête aisance ; le bonheur commun de tous les cultivateurs, sont des motifs bien puissans pour fixer l'attention des propriétaires. Heureux celui qui, plus éclairé sur ses intérêts personnels, réfléchira que l'augmentation de sa fortune, consiste à la partager en tant de mains, que la multiplication des travaux puisse fertiliser ses champs !.... Plus heureux encore d'adoucir le sort de tant d'infortunés, & d'ajouter à ses richesses le plus grand des biens, celui d'être aimé. Mais je n'ai rien dit des jardins dans lesquels il est si intéressant de réunir l'agréable à l'utile, sans jamais les séparer. Tous les végétaux, dans leur primeur, ont déja cet avantage. Il n'eſt point de parterre qui faſſe autant de plaiſir à la vue. Un jeune Seigneur remarque avec attention les progrès d'une ſerre-chaude. Les premiers pois de la ſaiſon & les premiers fruits, ſont l'objet de ſes vœux, quand il ſe perd par déſœuvrement dans un labyrinthe, dont il ne ſort avec empreſſement, que pour viſiter l'accroiſſement des plantes qui ſont ſes délices. Mais il paſſe auprès d'un ſoleil, dont il remarque à peine la fleur. Elle ne fait, ſuivant lui, que remplir un vide dans une plate-bande!.... Il n'eſt point aſſez heureux pour en connaître la valeur!... Il ignore que la plus précieuſe de toutes les farines eſt renfermée dans la graine du ſoleil ou tourneſol!.... Il ne ſait pas qu'au-deſſous de cette même graine, ſon cul, comme celui de l'artichaut, ſans avoir la même délicateſſe, peut faire partie des comeſtibles. Il y a peu de terrein dans les champs où l'on ne puiſſe tenter cette culture. Un champ montueux inégal, des maſſes de foſſés, la pente d'une colline, des endroits à-peu-près perdus pour la culture, peuvent produire en abondance ce farineux. Les jardins naturellement deſtinés à cette culture, ne peuvent jamais être trop grands. Pluſieurs avenues de tourneſols, dont la tête fait parterre, dont l'élévation ne fait aucun tort aux plantes qui l'avoiſinent, dont la récolte & la conſervation ſont ſi faciles, contribueraient à la perfection de l'engrais des bœufs. Cette production néceſſairement bornée, ne peut être conſidérée comme la baſe d'un projet économique, mais bien comme un moyen de donner plus de valeur aux jardins. Le tourneſol pouvant occuper la place de beaucoup de fleurs inutiles, de plantes moins précieuſes, je dois, après l'expérience que j'ai faite de ſon produit, inviter tous les propriétaires à le multiplier à peu de diſtance de leur habitation. Le tourneſol ſe récolte en Octobre, quand ſa graine eſt noire. On le ſuſpend comme le maïs pour le conſerver. Quand les bœufs ſont à la fin de leur engrais, on répand ſur leur aliment de la graine de ſoleil, à proportion de la quantité de ſa moiſſon. Le bœuf mange avec avidité cette graine, qui lui communique, au moyen de ſes parties huileuſes, les ſucs les plus abondans. Son uſage pour le mouton eſt admirable :.... on mêlange cette graine avec le maïs ſans apprêt. Le mouton n'eſt pas moins avide que le bœuf, quand on lui diſtribue ces deux farineux qui flattent le plus ſon goût, & qui lui donnent tant de délicateſſe. La perfection de l'engrais des porcs avec ce farineux mêlé dans ſes alimens, eſt indubitable. Mais il n'eſt pas à préſumer qu'un cultivateur en faſſe des récoltes aſſez abondantes, pour en deſtiner une partie à l'engrais du porc. Cet animal vorace qui vit & s'engraiſſe avec des alimens que le bœuf & le mouton ne pourraient conſommer, & dont le lard eſt parfait, n'eſt point fait pour une nourriture auſſi recherchée. La volaille & les pigeons ſeraient de la plus grande fineſſe

& fécondité, en ne vivant que de maïs en grain & de tournesol.

La chaux est, de tous les engrais, celui qui doit fertiliser les jardins, contribuer à la bonté de ses fruits, à la salubrité de ses végétaux. Sa préparation dans les terres labourables, est la seule qui puisse y convenir, pour les simples particuliers qui ne sont point dans l'usage de faire des melons. Mais les riches que la fortune favorise de tous ses dons, doivent l'employer autrement. Une melonnière considérable formée de deux ou trois pieds de fumiers, & de trois ou six pouces de terre chaulée qui les couvre, doit suffire à l'engrais de tout un jardin. Son terreau, l'année suivante, doit être distribué par monceaux sur les plates-bandes, planches & carreaux d'un potager. La terre conserve avec cette amélioration toute sa fraîcheur. La grande sécheresse n'a point de prise sur une surface dont toutes les parties sont pleines d'onction. L'usage du fumier infecte un jardin de mauvaiſes herbes, multiplie des légumes ſans goût & ſans qualité; le terreau fait tout le contraire. La melonnière, deſtinée aux plus précieuſes ſemences, réunit à cette utilité celle de féconder tout un potager & de le rendre précoce. Celui de chaque colon ſerait aſſez grand pour y planter un vignoble ſuffiſant pour ſon uſage. La multiplication de cette denrée eſt la moins eſſentielle. N'ayant pour but que d'inſtruire, je m'arrête, quand l'expérience ne me fournit plus l'occaſion d'occuper utilement le Lecteur.

FIN.

J'AI lu avec intérêt l'Ouvrage ſur l'Agriculture de M. DE SAINT-BLAISE, & je crois que la publication de cet Ouvrage ſera utile.

LE DUC DE CHAROST,
Aſſocié des Sociétés Royales d'Agriculture de Paris & de Ham.

APPROBATION.

J'AI lu, par ordre de Monseigneur le Garde des Sceaux, ce Manuscrit, dont l'objet m'a paru assez utile pour mériter l'impression. A Paris ce 28 Janvier 1788.

PARMENTIER.

PRIVILÉGE DU ROI.

LOUIS, par la grace de Dieu, Roi de France & de Navarre : A nos amés & féaux Conseillers les Gens tenant nos Cours de Parlement, Maîtres des Requêtes ordinaires de notre Hôtel, Grand-Conseil, Prevôt de Paris, Baillifs, Sénéchaux, leurs Lieutenans Civils, & autres nos Justiciers qu'il appartiendra, SALUT. Notre amé le sieur Chevalier DE SAINT-BLAISE, Nous a fait exposer qu'il désireroit faire imprimer & donner au Public un *Traité d'Agriculture, où l'on enseigne la manière de perfectionner l'engrais économique, &c.* s'il nous plaisoit lui accorder nos Lettres de permission pour ce nécessaires. A CES CAUSES, voulant favorablement traiter l'Exposant, nous lui avons permis & permettons par ces Présentes, de faire imprimer ledit Ouvrage autant de fois que bon lui semblera, & de le faire vendre & débiter par tout notre Royaume, pendant le temps de cinq années consécutives, à compter du jour de la date des Présentes ; Faisons défenses à tous Imprimeurs, Libraires & autres perſonnes de quelque qualité & condition qu'elles ſoient, d'en introduire d'impreſſion étrangere dans aucun lieu de notre obéiſſance; à la charge que ces Préſentes ſeront enregiſtrées tout au long ſur le Regiſtre de la Communauté des Imprimeurs & Libraires de Paris, dans trois mois de la date d'icelles; que l'impreſſion dudit Ouvrage ſera faite dans notre Royaume & non ailleurs, en bon papier & beaux caractères; que l'Impétrant ſe conformera en tout aux Réglemens de la Librairie, & notamment à celui du 10 Avril 1725, & à l'Arrêt de notre Conſeil du 30 Août 1777, à peine de déchéance de la préſente permiſſion; qu'avant de l'expoſer en vente, le manuſcrit qui aura ſervi de copie à l'impreſſion dudit Ouvrage ſera remis dans le même état où l'Approbation aura été donnée ès mains de notre très-cher & féal Chevalier, Garde des Sceaux de France, le ſieur DE LAMOIGNON, Commandeur de nos Ordres; qu'il en ſera enſuite remis deux Exemplaires dans notre Bibliotheque publique, un dans celle de notre Château du Louvre, un dans celle de notre très-cher & féal Chevalier Chancelier de France, le ſieur DE MAUPEOU, & un dans celle dudit ſieur DE LAMOIGNON; le tout à peine de nullité des Préſentes: Du contenu deſquelles vous mandons & enjoignons de faire jouir ledit Expoſant & ſes ayans cauſe pleinement & paiſiblement, ſans ſouffrir qu'il leur ſoit fait aucun trouble ou empêchement: Voulons qu'à la copie des Préſentes, qui ſera imprimée tout au long au commencement ou à la fin dudit Ouvrage, foi ſoit ajoutée comme à l'original: Commandons au premier notre Huiſſier ou Sergent ſur ce requis, de faire, pour l'exécution d'icelles, tous actes requis & néceſſaires, ſans demander autre permiſſion, & nonobſtant clameur de Haro, Charte Normande, & Lettres à ce contraires. CAR tel eſt notre plaiſir. DONNÉ à Verſailles, le deuxieme jour du mois d'Avril, l'an de grace mil ſept cent quatre-vingt-huit, & de notre Regne le quatorzieme. Par le Roi en ſon Conſeil. *Signé*, LE BEGUE.

Regiſtrée ſur le Regiſtre XXIII de la Chambre Royale & Syndicale des Libraires & Imprimeurs de Paris, N°. 1525, fol. 503, *conformément aux diſpoſitions enoncées dans la préſente Permiſſion; & à la charge de remettre à ladite Chambre les neuf Exemplaires preſcrits par l'Arrêt du Conſeil du 16 Avril 1785. A Paris, ce 4 Avril 1788.*

NYON l'aîné, *Adjoint*.

A PARIS. De l'Imprimerie de PRAULT, Imprimeur du Roi, quai des Auguſtins, à l'Immortalité. 1788.

www.ingramcontent.com/pod-product-compliance
Ingram Content Group UK Ltd.
Pitfield, Milton Keynes, MK11 3LW, UK
UKHW031912260826
14628UKWH00003B/1137

9 782329 386096